幸福之路

The Conquest of Happinese

【珍藏版】

[英]罗素 Betrand Russell 著

刘勃 译

华夏出版社
HUAXIA PUBLISHING HOUSE

图书在版编目（CIP）数据

幸福之路/(英)罗素著；刘勃译. —北京：华夏出版社，2015.6
（2019.5 重印）

书名原文: The conquest of happiness

ISBN 978-7-5080-8485-5

Ⅰ.①幸… Ⅱ.①罗… ②刘… Ⅲ.①幸福－通俗读物 Ⅳ.①B82-49

中国版本图书馆 CIP 数据核字（2015）第 089752 号

The Conquest of Happiness authored by Bertrand Russell
© The Bertrand Russell Peace Foundation 1996
Preface to the Routledge Classics edition ©A.C.Grayling 2006
Authorized translation from the English language edition published by Routledge, a member of the Taylor & Francis Group. Copies of this book sold without a Taylor & Francis sticker on the cover are unauthorized and illegal.All rights Reserved.

本书中文简体翻译版授权华夏出版社独家出版并限在中国大陆地区销售。未经出版者书面许可，不得以任何方式复制或发行本书的任何部分。

版权所有　翻印必究
北京市版权局著作权合同登记号：图字 01-2013-3732

本书封面贴有 Taylor&Francis 公司防伪商标，无标签不得销售

幸福之路

作　　者	[英]伯特兰·罗素	译者	刘　勃
责任编辑	陈小兰		

出版发行	华夏出版社
经　　销	新华书店
印　　装	三河市万龙印装有限公司
版　　次	2015 年 6 月北京第 1 版
	2019 年 5 月北京第 4 次印刷
开　　本	880×1230　1/32 开
印　　张	7.25
字　　数	150 千字
定　　价	49.00 元

华夏出版社　地址：北京市东直门外香河园北里 4 号　邮编：100028
　　　　　　　网址：www.hxph.com.cn　电话：(010) 64663331（转）

若发现本版图书有印装质量问题，请与我社营销中心联系调换。

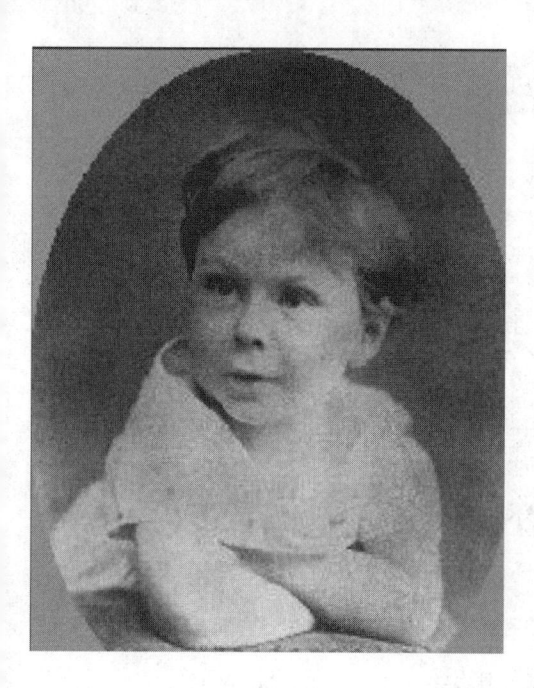

婴儿哲学家

曾经的翩翩少年
　——仪表堂堂的罗素

罗素的人生何尝不像是一盘精彩的棋局……

叼着烟斗沉思是罗素最经典的表情

目录 Contents

译者序	1
序 言	1
上篇　不幸福的原因	**1**
第1章　什么会让人不快乐？	3
第2章　论拜伦式痛苦	15
第3章　论竞争	35
第4章　论烦闷与兴奋	47
第5章　论疲劳	59
第6章　论嫉妒	71
第7章　论犯罪感	83
第8章　论被虐狂	97
第9章　论舆论恐惧症	111

下篇　幸福的原因	125
第10章　还可以快乐吗？	127
第11章　论情趣	141
第12章　论爱	155
第13章　论家庭	165
第14章　论工作	183
第15章　论闲情逸致	193
第16章　论努力与放弃	203
第17章　幸福的人	213

译者序

人为什么活着？该怎么活着？一段时间里，我一直在想这个问题。对我来说，这是一个根本性问题，因为我觉得，如果我知道了这两个问题的答案，我所遇到的一切问题就都能得到解决。和很多人的想法一样，我也认为活着是为了得到幸福。在我看来，能不痛苦就已经很幸运了，而如果能快乐，甚至感到幸福，就是最幸运的事了！也就是在这段时间，我拿到了英国哲学家伯特兰·罗素所著的《幸福之路》的翻译合同。翻译英文书是我的个人兴趣，书的内容又是有关人生、生活，特别是如何才能得到幸福的，所以对我来说，翻译这本书至少是一件很快乐的事。

"幸福的家庭都是相似的，不幸的家庭各有各的不幸"，这本书又一次告诉我们，有关幸福的事的确很相似，甚至完全相同。如果不知道本书是英国的大哲学家写于1930年的，你会觉得这分明是一本针对眼下你所面临的各种问题而写的书。它先是从与你有关的方方面面分析了让你不快乐的原因，再针对这些原因告诉你快乐的方法，最后从一个很高的高度总结了如何才能成为幸福的人。正像作者在序言里所说的那样，该书既没有高深的哲理，也没有艰涩的学问，只是作者的一些人生感悟。但重要的是，这些感悟都是作者本人的亲身体验，而非个人的揣测和想象，而且写作的目的，就是让不快乐的普通人快乐起来并得到幸福。所以说这本书的确很实用。

看问题的角度不同，意味着同一事物在每个人的眼中都是不同的，就像盲人摸象。但不管怎样，完整、真实的大象是存在的，它独立于每个盲人的想象。真正的幸福也是一样，不管你怎么想，她都会在那儿。只要方法得当，你就能得到她。这是我的另一个感受。还需要说明的是有关快乐和幸福的译法问题。英文 happy 和 happiness 既可以被译成快乐，又可以被译成幸福。个人认为，幸福是所有快乐的总和，是最高层次/境界的快乐，也是一种难以名状的快乐感；快乐则是一种具体的、说得清的满足感。基于这种认识，又考虑到中国人的语言习惯和行文要求，所以尽管书名是《幸福之路》，我却并没有通篇使用"幸福"这个词，而是根据上下文来决定该译为"快乐"还是"幸福"。

茨威格在《昨日的世界》中提到,对于一个作家来说,选择哪家出版社是一生中的关键,对我这个译者来说也是如此。多年来我一直和华夏出版社的陈小兰主任合作,这次又是她让我走上了"幸福之路",感谢她的知遇之恩。还要感谢罗素先生,他的思想光辉照亮了人类的幸福之路。最后还要谢谢本书编辑的辛勤劳动。译文中的不妥之处还请读者和同行批评指正。

刘 勃

英国阿斯顿商学院博士

2011年12月12日

序 言

　　本书不是写给文化素养高或认为实际问题不过是一些谈资罢了的人看的。在接下来的篇章中，既没有高深的哲理，也没有艰涩的学问。我只是想把我对但愿是常理性的东西的一些感悟归纳起来。所有我声明是要献给读者的主张都是在我的亲身体验和亲自观察中得到了证实，且每当我依此行事时都会增加我的幸福感。基于这个理由，我斗胆希望众多深感不幸而又不愿深陷其中的部分男女能够在这本书中找到他们的病症及规避方法。正是因为我相信，通过适当的努力，很多不快乐的人是可以变得幸福、快乐的，所以才会写下本书。

上篇

不幸福的原因

第1章 什么会让人不快乐？

动物只要不生病，有足够的食物，就会快乐。我们觉得人类也应该这样，但实际上却不是这样，至少在绝大多数情况下不是这样。如果你自己就不快乐，那么你可能会承认自己不是个例外。而如果你是快乐的，那么请自问一下，你的朋友中有几个和你一样？当你对朋友审视了一番后，请学学如何察言观色，学会善于接受你在日常生活中遇到的那些人的情绪。英国诗人布莱克说过：

在我遇到的每张脸上都有一个标记
那是缺憾的标记
是悲伤的标记

尽管不快乐的形式各式各样，但你会发现，到处都有不快乐。工作时间站在一条热闹的街上，周末时站在一条主干道旁，或在一个晚上参加一个舞会，这时，请将"自我"从脑中抛开，让周围的陌生人的性情一个接一个地占据你的思想，你会发现这些不同的群体都有自己的烦恼。在上班族身上，你会看到焦虑、精神过于集中、消化不良，除了为生存而战外对其他任何事都缺乏兴趣，失去了游戏、玩乐的能力，对其同类的存在浑然不觉。在周末的主干道旁，你会看到男人和女人们都很轻松惬意，其中一些人非常富有，他们都在一心一意地找乐子。所有人都用同样的速度，也就是用最慢的车速鱼贯而行。他们不可能看见前面的路或风景，因为往旁边看会引发车祸。每辆车上的每个人都将心思放在了如何超过其他的车，可是因为太拥挤，所以他们无法超车。如果他们不这么全神贯注，就像那些不自己开车的人一样，他们就会流露出难以名状的厌烦和些许不满。有时一车黑人会将他们真正的快乐展现出来，但他们古怪的举动会引起旁人的愤慨，最后还会因交通事故而落到警察手里。享受假日是违法的。

再不就去看看欢度夜晚的人。来的人都打定了主意要高兴一番，就好像决心不在牙医那儿大惊小怪一样。喝酒和拥吻被公认为必经之路，于是人们会开怀畅饮，尽量不去注意他们的同伴是多么讨厌他们。喝到一定程度时，男人们开始哭泣，怨恨自己的卑劣品格是多么不值得母亲疼爱。对于他们来说，酒精可以让他们释放自己的犯罪意识，这种意识在他们清醒时往往是被理性所抑制的。

这些种种的不快乐，部分源自社会制度，部分源自个人心理。当然了，个人心理在相当程度上是社会制度的产物。以前我曾就如何为了让人们更快乐而改变社会制度有过著文，内容涉及消灭战争、消灭经济剥削、消灭有关残忍与惧怕的教育，我并不想在这本书里谈。发现一种可以避免战争的制度对我们的文明是至关重要的，但我们是不可能发现这种制度的，因为人们是如此的不快乐，以至于相互杀戮似乎并不比没完没了地挨日子来得可怕。如果机械化大生产多少可以对最需要帮助的人有些益处的话，那它当然应该阻止贫困的长期存在。可如果富人本身就很糟糕，那让每个人都变得富有又有什么用呢？教授残忍和畏惧是很不好的事，但自己就热衷于这些的人是不会教授其他东西的。

这些考虑让我们提出一个个人问题：此时此地，身处我们这个有着怀旧情结的社会中的男女们该做些什么才能获得他们自己的幸福呢？在讨论这个问题时，我会把自己的注意力集中在那些表面上并不是很痛苦的人。我假定他们有足够的收入来保证自己有吃有住，身体也够健康，可以进行日常的物质活动，也不考虑像儿女尽亡或当众受辱这样的大灾祸。关于这类事情的确有很多话要说，它们也的确是重要的事，但它们与我想说的事不是同一类事。我的目的就是要提出一个针对日常烦恼的治疗方法。文明国家中的大多数人都有这样的烦恼，因为没有明显的外在原因，所以人们似乎无法逃避它们，它们也因此更让人难以忍受。我认为，这种不快乐在很大程度上是由错误的世界观、错误的伦理观、错误的生活习惯所导致的，这些错误破坏了人们对还算可以的事物与生俱来的兴致与爱好。而无论人类还是动物，其所有的快乐最终都取决于这些事物。这就要看个人的努力了，所以我提议作出一些改变。如果你的运气还可以，借助这些改变，你就有可能获得快乐和幸福。

对我所倡导的哲学的最好介绍也许是有关我个人的简单介绍。我并非生来就是快乐的。小时候，我最喜欢的赞美诗是："无聊的尘世装满了我的罪孽。"5岁时我曾想，如果我得活到 70 岁，那我才挨过自己全部生命的 1/14，我觉得前面漫长的无聊人生简直难以忍受。少年时我憎恨人生，总是徘徊在自杀的边缘，是我想多学一些数学的念头阻止了我。现在则正好相反，我热爱生活。几乎可以这么说，随着岁月的流逝，我更热爱生活了。这部分是因为我发现了什么是我最想要的东西，并且慢慢地得到了不少。还有就是我成功地抛开了一些欲望，如获得关于这个或那个的确切的知识，将它们看成本来就是无法实现的欲望，但在很大程度上是因为我逐渐减少了对自己的过分关注。像其他受过清教徒教育的人一样，我有对自己的过错、愚蠢和缺点进行反省的习惯，准确地说，我认为自己是个可怜的怪人。渐渐地我学会了不太在乎自己和自己的缺点，开始将自己的注意力越来越多地放在外部事物上，如世界形势、知识的各个分支以及我抱有好感的个人等。不错，对外部事物的关注也会带给你各种痛苦：世界可能陷入战争，某些知识可能很难获得，朋友可能会死去。但这类痛苦不会像因厌恶自己而产生的痛苦那样破坏基本的生活品质。对外部事物的每一种兴趣都可以激发出一些可以全面防止人们产生无聊、倦怠意识的活动，只要这种兴趣始终存在。相反，对自我的关注不会引发任何前行的举动。它可能会让你记日记，对自己进行心理分析，也许还能让你成为僧人。但是，除非寺院的清规戒律能让僧人忘了自己的灵魂，否则他是不会幸福的。而他以为是宗教带给他的幸福其实靠做一名清洁工就能得到，只要他一直做下去。对那些极度沉迷自我，以至于用任何其他方法都无法挽救的不幸的人来说，对外部事物产生兴趣是获得幸福的唯一方法。

自我沉溺的表现形式有很多。我们可以将畏罪狂、自恋狂和自大狂看做是最为常见的三个类型。

提起"畏罪狂"，我指的并不是犯罪的人。可以说人人都犯了罪，也可以说没有人犯罪，这要看我们是如何定义罪行这个词了。我指的是沉溺于犯罪意识中的人，这种人永远都在自责。如果他信教的话，他就会说这是上帝在怪罪他。他认定自己应该是某种形象的人，这种形象与他认为的现实中的自己不断冲突着。如果他早就把坐在母亲腿上时学到的格言忘得一干二净了，那他的犯罪感就有可能深埋在他的潜意识中，而只有在他喝醉或睡着的时候这种感觉才会出现，可这已足以让任何事物失去它们的吸引力了。他心里依旧承认儿时被教导的所有禁忌：骂人是恶的；喝酒是恶的；做生意时表现出精明是恶的；最重要的是，性行为是恶的。当然了，他不会避开这些乐事，但他认为这些事毒害了他，因为他觉得这些事让他堕落。他整个身心所期盼的一种乐趣就是得到母亲的呵护，他记得他在儿时有过这样的经历。既然他再也没有这种乐趣了，便觉得一切都很乏味；既然他不得不犯罪，于是他决定痛痛快快地犯。当他坠入情网时，他会去寻找母性的温柔，可他并不能接受这样的温柔，因为他心中有他母亲的形象，所以他不会对任何一个与他发生过性关系的女人有丝毫的敬意。于是他对自己失望了，他变得残忍，而后又对其残忍进行悔过，接着重新开启一个先是幻想自己犯罪接着真实地悔过这一令人沮丧的过程。这就是很多表面上死硬的放荡者的真实心理。让他们误入歧途的是对无法企及的目标（母亲或母亲的替代者）的虔诚，以及早年被灌输的可笑的礼教习俗。对这些母性"美德"的牺牲者来说，走向快乐的第一步是从早年的信仰和情感中解放出来。

从某种意义上说，自恋就是习惯性犯罪感的反面，其特征是惯于自我欣赏并希望被别人赏识。一定程度的自恋肯定是正常的，不必对此表示遗憾，只有在表现得过分时，自恋才会变成一种很大的罪过。很多女人，特别是富裕阶层的女人，她们对爱情的感知能力已经完全消退了，所以才会用所有的男人都应该爱她们这样的强烈愿望来代替这种能力。而当这种女人确信有个男人已经爱上她时，她便不再需要他了。

男人也是这样，只不过少一些罢了。一个经典的例子就是《危险关系》中的男主人公，这本著名小说描写了法国大革命快要发生时法国贵族们的爱情故事。当一个人的虚荣心到了这个地步时，除了自己之外，他是不会对其他任何人感兴趣的，因此也就不会从爱情中得到真正的满足，而他其他方面的兴趣消失得更快。例如，大画家通常会被人崇拜，受此激励，自恋狂可能会去学习艺术。可是，由于绘画只是他达到目的的手段，所以他从不会对绘画技巧感兴趣，他眼中只有跟自己有关的事。这么做的结果只能是失败和失望，得到的是嘲笑，而不是他所期望的恭维。那些总是把自己勾勒成自己小说里的英雄人物的小说家们也是如此。工作上的所有真正的成功取决于你对与工作有关的事是否真的感兴趣。

成功的政治家们纷纷下台，原因就是他们逐渐地用自恋行为取代了对公众的关注和自己的施政方针。只关心自己的人不是令人钦佩的人，人们也不会觉得他令人钦佩。因此，只是认为这个世界应该钦佩他，除此之外没有其他兴趣的人是不太可能达到他的目的的。即使达到了，他也不能完全快乐，因为完全地以自我为中心并不是人的天性。人为地限制自己的自恋狂刚好与被犯罪感控制了的畏罪狂一样。原始人可能会因为自己是一个好猎手而骄傲，但他也是很喜欢追逐动物的。过了头的虚荣心本身就会扼杀掉各种活动带给人的乐趣，这自然会招致无聊和倦怠。之所以会有虚荣心，往往是因为不自信，根治的办法就是培养自尊心。只有从一些好的、因对客观事物产生兴趣而引发的活动中才能培养出自尊心。

自大狂和自恋狂是有区别的。自大狂要的是权势而不是魅力，希望别人怕他而不是爱他。很多疯子和历史上大多数伟人都是这类人。热衷权势和虚荣心一样，也是人性中的一大要素，因而是可以让人接受的，只有在它表现得过分或与不充分的现实感联系在一起时才会变得可悲。出现这种情况时，人即使不会是既闷闷不乐又愚蠢可笑，也至少会占一样。从某种意义上说，自认为是头戴王冠的疯子可能是快乐的，但他的这种快乐并不是头脑清楚的人所羡慕的那种快乐。从心理学的角度讲，伟大的亚历山大大帝就是这类疯子，尽管他拥有实现疯子的梦想的能力，但他却不能实现自己的梦想，因为他的梦想会随着他的成功而膨胀。当他知道自己已经是最伟大的征服者时，便说自己是上帝。可他是不是一个快乐的人呢？他酗酒成性，脾气暴躁，对女人很冷淡，自称为上帝，这些都表明他并不快乐。靠牺牲人性中的所有其他要素来培植一种要素是不会带来最大的满足感的，将整个世界当做塑造个人显赫地位的原材料也是如此。不管是神志不清还是神智还算清醒，自大狂们通常是过于屈辱的产物。拿破仑上学时曾在富有的贵族子弟面前感到自惭形秽，因为他是个靠奖学金生活的穷学生。当他允许流亡者回国并看到昔日的同学向他鞠躬时，他感到很满足。真是快乐之至！而这种满足感也让他动了消灭沙皇以获得同样的满足感的念头，他也因此被送到了圣赫勒拿岛。既然没有人是万能的，所以完全被热衷权力所主宰的人迟早都会碰到无法克服的困难。只有通过一些疯狂的方式才能让自己意识不到这一点，比如权力足够大的人就可以将对他指出这一点的人监禁起来或处以极刑。政治角度上的抑制和精神分析角度上的抑制是密切相关的。只要是在通过很明显的方式来进行精神抑制，就没有真正的幸福可言。拥有被控制在适当限度之内的权力是可以极大地增加幸福感的，但如果将它视为人生的最终目标就会引发灾难。这灾难如果不是外部的，就一定是内心的。

显然，不快乐的心理因素是多种多样的，但它们却有一些共同点。典型的不快乐的人都是年轻时被剥夺过一些正常满足的人，他会因此更看重这类满足而不是别的，这也就让他的人生倒向了一边，他会极为关注这类满足的实现，反对与之相关的活动。现在这方面又有了新进展并且很普遍，人们可能会觉得自己彻底地失败了，所以不再去寻求满足了，只想分散自己的注意力，忘掉一切。于是他变成了一个醉心"找乐子"的人，换句话说就是，他试图通过让自己少些活力去忍受生活。例如，酗酒就是暂时的自杀，它所带来的快乐都是负面的，暂时中止了不快乐。尽管自恋狂和自大狂可能会用错误的方式去找寻快乐，但他们都相信人是可以快乐的。而那些想让自己极度兴奋的人都是一些放弃了希望的人。不管他们采用了哪种方式，除了想忘掉一切之外他们别无所求。针对这种情况，首先要说服他们快乐是值得拥有的。不快乐的人就像失眠的人一样，常常为自己的不快乐而感到骄傲。这种骄傲可能和丢了尾巴的狐狸的那种骄傲一样。如果真是这样，治疗的方法就是让他们明白如何才能长出一条新尾巴。我相信，如果知道了获得快乐的方法，很少有人能够依旧从容不迫地选择不快乐。我并不否认世上有这样的人，但他们的数量无足轻重。因此我就假定，读者都是希望自己快乐而不是不快乐的。我不知道自己能否帮助他们实现这个愿望，但不管怎么说，尝试一下总是无害的。

第2章 论拜伦式痛苦

和历史上其他很多时期一样,今天,我们中间还是会有看破红尘、觉得没有什么值得他活下去的聪明人。持这种观点的人真的很痛苦,但他们却以此为荣,认为痛苦才是宇宙的本质,才是一个文明人所应有的唯一合理的态度。这种因痛苦而产生的骄傲会让单纯的人怀疑其真实性,他们认为以痛苦为乐的人其实并不痛苦。这种看法有些过于简单。因为毫无疑问,痛苦的人会感到自己高人一等、洞察力过人,这些可以稍微补偿一下他们的损失。但是,这点儿补偿绝不足以弥补因失去了简单的快乐所带来的损失。我自己也不认为痛苦有什么较高的合理性。聪明人会在环境允许的范围内尽情快乐,一旦他发现对宇宙的思考会让他过于痛苦时,就会去思考别的问题。这就是我想在这一章里表明的观点。我希望读者们能够相信,无论你有什么样的理由,理智总是不会禁止快乐的。不仅如此,我还相信,那些真心认为他们的忧伤源于他们对宇宙的看法的人是在本末倒置。事实上,他们的痛苦是由一些他们还不知道的原因引起的,而这种痛苦又让他们总是想着他们所生活的这个世界中让人不太愉快的地方。

我想探讨的这个观点,对于现在的美国人来说,是由约瑟夫·克鲁奇在一本名叫《现代性情》的书中提出来的;对于我们祖辈的人来说,是由拜伦提出来的;对于各个时代来说,则是由《传道书》的作者提出来的。克鲁奇说:"我们的案子是一件败诉的案子,自然界没有我们的位置。尽管如此,我们并不为生为人类而感到遗憾。我们宁可作为一个人而死,也不愿当个动物而生。"拜伦说:

> 当早年思想的光芒在感觉的隐约衰退中渐渐暗淡下来时,世界所能给予的欢乐就再也不能和它带走的快乐相比了。

《传道书》的作者说:

> 我对已经死去的人的赞叹要多于对仍然活着的人的赞叹。而比这两种人更好的是从未存在过、从

未见过阳光下的罪恶勾当的人。

在审视过生活的快乐之后,这三位悲观主义者却给出了这些令人沮丧的结论。克鲁奇生活在纽约最有文化的圈子里;拜伦畅游过赫勒斯滂①,有过无数的风流韵事;《传道书》的作者追求快乐的方式则更加丰富多彩,他喝酒,玩音乐,"以及诸如此类的东西"。他还修造水池,家里有男女仆人以及他们的后代。即使生活在这样的环境里,他仍然是智慧的。他认为一切都是虚幻的,智慧也是一样:

> 我专心地了解智慧、疯狂和愚昧。我发现这也是一种精神烦恼,因为越智慧就越伤感,增加知识就是增加痛苦。

看来他的智慧打扰了他,为了摆脱这种痛苦他做了一些无用功:

> 我心里说,现在就去做,我会用欢笑证明给你

---

① 达达尼尔海峡的古称。——译者注(除非特别说明,本书页下注均为译者注)

看，所以尽情欢乐吧。但注意看，这也是虚幻的。

他的智慧还是跟着他：

  于是我心里说，白痴会遇到的事我也会遇到，那么我为什么还要更有智慧呢？我心里就说，这也是虚幻的。
  所以我厌恶生活，因为对我来说太阳下所做的事都会让我痛苦，一切都是虚幻的，一切都是精神烦恼。

对于文人来说，再也不需要读久远的东西了是很幸运的事，因为如果他们读了，就会得出这样的结论：不管里面说了一些什么有关水池的事，出新书一定是虚幻的事。如果我们能够指出《传道书》中的教义并不是智者所持的唯一观点，我们就不用不厌其烦地介绍后来有关这种心境的各种表述了。在这类讨论中，我们必须分清心境和心境的知性表现。关于心境，没什么好争论的，它可能会因运气或身体状况而改变，但却不会因为争论而改变。我时常会有一种觉得所有的东西都是虚幻的心境，我是借助一些不得不做的行动而不是哲学才摆脱了这种心境。如果你的孩子病了，你会不高兴，但绝不会觉得一切都是虚幻的,你会觉得不管人生有无终极价值,让孩子恢复健康才是应该关心的事。富人可能而且往往会觉得一切都是虚幻的,但如果他就要失去他的钱了,他绝不会觉得他的下一顿饭是虚空的。之所以会有虚幻感,是因为满足天然的需要十分容易。

和其他动物一样,人这种动物适合为生活做些奋斗。当现代人可以借助大量财富轻而易举地满足自己所有的奇思怪想时,仅仅是用不着为生活而努力就可以让快乐的一个基本要素荡然无存了。一个可以轻易得到只是有点想要的东西的人会认为,满足自己的愿望并不能让自己快乐。而如果他有哲学气质,就会认为人生根本就是痛苦的,因为一切都如愿了的人也还是会不快乐的。但他忘记了,缺少一些你想要的东西是幸福必不可少的一个部分。

这种心境非常多,但《传道书》里也有理智的观点:

江河流入大海,而大海却不会满。
太阳底下无新事。
过去的就过去了,没人会怀念它们。
我憎恨我在太阳下付出的所有劳动,因为它们会被后人享用。

如果有人想用现代哲人的方式提出这些观点,就会生出这样一些东西来:人永远在劳作,事物总在变化,但任何东西都不能永远存在,尽管后来的新事物也绝不会和过去的不同。一个人死了,他的继承人就会收获他的劳动果实;江河流入了大海,可江河水却不能留在那里。人和事物就这样一遍遍地进行着永无目的的生死循环,没有改进,没有永恒的成就,日复一日,年复一年。如果江河聪明的话,就会待在原来的地方;如果所罗门聪明的话,就不会种下他儿子将享用其果实的果树。

可用另一种心境来看这一切又是多么不同。太阳底下无新事吗?那摩天大厦、飞机和政治家的广播演说又是怎么回事?这些事所罗门①又知道多少呢?如果他能从无线电里听到莎巴女王从他的领地返回之后对她臣民的训话,难道不能让他从徒劳无益的果树和池塘中间得到一些安慰吗?如果他拥有一家剪报公司,能让他知道报纸是如何评价他的建筑有多美、后宫有多舒服、和他作对的圣哲们在和他争论时有多

---

① 《传道书》当然不是所罗门写的了,这里只为行文方便。

狼狈的话，他还会说太阳底下无新事吗？这些事也许并不能完全治愈他的悲观情绪，却能让他用一种新的方式来表达它。实际上，克鲁奇先生对我们这个时代的抱怨之一，是太阳底下的新事太多了。如果有或没有新奇都一样烦人，那就很难说哪个才是让人失望的真正原因了。

再拿《传道书》中所说的"所有的江河都流向大海，但大海却不会满；它们从哪儿来，就会回到哪儿去"的事实来说。从悲观主义的角度来看，这就是说旅行不是一件愉快的事。人们在夏天去避暑胜地，但还是要回到他们来的地方，可这并不能说明在夏天去避暑胜地是徒劳无益的。如果水被赋予了感觉，那么它们可能会像雪莱所描绘的"云彩"那样十分享受冒险式的循环往复。就拿为后人留下遗产的痛苦来说，可以从两个角度来看待这件事。从后代的角度来看，这显然不是什么坏事。世间万物都会消失的事实本身也不能成为悲观主义的根据。而如果继承现有事物的是更糟的事物，那倒可以作为

悲观主义的根据。如果继承现有事物的是更好的事物,我们便有了乐观的理由。而如果正如所罗门所说,继承现有事物的是同样的事物,我们又该怎么想呢?难道这样就会使整个过程变得徒劳无益了吗?当然不会!除非这个循环过程中的各个不同阶段都是痛苦的阶段。愿意展望未来,并且认为"现在"的全部意义是建立在它会产生什么后果这一基础上,这种习惯是一个坏习惯。只要部分是有价值的,整体就有价值。不能通过比对音乐剧来想象人生。在音乐剧中,男女主人公会经历令人难以置信的磨难,回报给他们的是一个圆满的结局。我过我的日子,我的儿子会接着我过他的日子,而他的儿子还会接着他过下去。这怎么会产生悲剧呢?相反,如果我永远活着,一定会失去生活的乐趣。该怎样就怎样,生活才能历久弥新。

> 我在生活之火前烘烤着双手
> 火苗在减弱
> 我也准备走了

这种态度和对待死亡的愤怒态度一样都是很理智的。如果说情绪是由原因决定的,那么让人快乐的理由应该和让人绝望的理由一样，都是很多的。

《传道书》是悲剧性的，克鲁奇先生的《现代性情》一书也带有哀怨色彩。从本质上说，克鲁奇先生之所以会悲哀，是因为中世纪以及较为近代的一些确切事物已经消亡。他说："这是一个不快乐的时代，四处游荡着还没有待下就从死亡世界里出来了的幽灵。它的困境和童年活在神话世界中，与那些还没学会在没有神话指点的情况下如何行事的青少年所处的困境没什么不同。"这番表述完全正确，也适用于一部分知识分子。他们接受过文化教育，但却对现代社会一无所知，由于在整个青年时代里都被教导要让情感来决定信仰，因而不能摆脱寻求安全和保护的这种科学不能满足的幼稚愿望。和其他大部分文化人一样，克鲁奇先生心里总是认为科学并没有履行其承诺。当然，他并没有告诉我们这些承诺是什么，但他好像认为像达尔文和赫胥黎这些六十年前的、对科学有所期待的人并没有发现什么。我认为这完全是一种错觉，一种由那些不希望其专长被认为是没什么价值的作家和牧师培植出来的错觉，而此刻的世界有很多悲观的人倒是真的。只要有很多收入在不断减少的人，就总会有很多悲观的人。克鲁奇先生真的是一个美国人。总的来说，战争增加了美国人的收入，而整个欧洲大陆的知识分子阶层却损失巨大。战争还让每个人都有不安定感，这种社会原因对一个时代的情绪所产生的影响要远远大于它对有关世界本质的理论所产生的影响。尽管让克鲁奇先生哀叹的信仰还是被除皇帝和少数意大利贵族之外的每个人所坚守，但比13世纪还让人绝望的时代却几乎是没有了。所以罗杰·培根会说："我们这个时代的罪恶要比以往任何时代都多。罪恶与智慧是水火不容的。让我们看看整个世界，细品每一个地方。我们会发现无法无天的堕落，尤其是君主们……淫乱行为使整个宫廷名誉扫地，贪得无厌主宰了一切……如果君主们都是这样，随员们还用说吗？看看主教们是如何追逐金钱而无视对心灵的救治的吧……再想想宗教界，真是无一例外，他们全都太堕落了！新的宗教阶层（托钵僧）已然丧失了其原有的尊严，整个教会都是自大、淫乱和贪婪的。每当他们聚在一起时，不管是在巴黎还是在牛津，就会相互争斗、吵闹、干坏事，这让外界人士极为愤慨。只要能够满足自己的贪欲，没人会在乎自己在干什么，又是多么不择手段。"谈到古代的异教圣人时，他说："他们的生活比我们的生活好得没法比，无论是在文明礼仪方面还是在鄙视世俗方面。他们愉快、富足、荣耀，我们可以在亚里士多德、塞内加、图里、阿维森纳、阿尔法拉比乌斯、柏拉图、苏格拉底以及其他人的著作里读到这样的人。他们就是这么获取智慧的密钥进而发现了一切知识的。"[1]。罗杰·培根的观点也是他那个年代全体文人的观点，他们都不喜欢自己所处的时代。我从不认为这种悲观论调有什么形而上的原因，原因应该是战争、贫穷和暴力。

克鲁奇先生的书里最为感伤的章节之一是有关爱情的一章。好像维多利亚时代的人把爱情看得很高，而有着现代人的老于世故的我们却已经看透了爱情。"对于疑心重重的维多利亚时代的人来说，爱情承担着他们已经失去了的上帝的一些功能。面对爱情时，很多最冷静的人也会一下子变得神秘起来。他们发现自己置身于某种可以唤醒他们崇敬感的东西之中，而任何其他东西都做不到这一点。他们从心灵深处觉得对爱情要绝对忠诚。对他们来说，爱情就像上帝一样，需要为之牺牲一切。它还会像上帝一样，通过赋予有关生活的所有现象一种无从分析的意义来奖赏信徒们。我们比他们更习惯一个没有上帝的世界，但还不习惯一个没有爱情的世界。只有当我们习惯了，才能认识到无神论的真正意思。"奇怪的是，我们这个时代的年轻人对维多利亚时代的看法与生

---

[1] 引自 Coulton 的 *From St. Francis to Dante* 一书，第 57 页。

活在那个时代的人的看法竟截然不同。我记得有两位我年轻时很熟的老太太,她们的某些方面在那个年代很典型。一位是清教徒,另一位是伏尔泰派。前者哀叹情诗太多,因为她认为爱情这个主题没什么意思。后者则评论说:"没人能反驳我,我总说破第七诫不像破第六诫那么坏,因为那至少要得到对方同意。"① 这些观点与克鲁奇先生所描述的典型的维多利亚时代的人的观点极不相同。他的思想显然是从与所处环境格格不入的某些作家身上衍生出来的。最好的例子应该是罗伯特·勃朗宁,而我不得不承认他的爱情观多少有些迂腐:

> 感谢上帝,他最卑微的芸芸众生也能以灵魂的两面性为荣,一面用来对付社会,一面用来对付他爱的女人。

这就是说,战斗是面对一般社会唯一可能采取的态度。为什么呢?勃朗宁会说,因为社会是残酷的;而我们则会说,因为社会是不会按你自己的评价接纳你的。一对夫妇可能会

---

① 基督教十诫中,第六诫为不可杀人,第七诫为不可奸淫。——译者注

像勃朗宁夫妇那样组成一个相互敬慕的社会。身边有人一定会赞赏你的作品是一件非常让人高兴的事，不管它配不配。当勃朗宁声色俱厉地指责菲兹杰拉德竟敢不赞美勃朗宁夫人的大作《奥罗拉·利》时，一定会觉得自己很优秀，很有男人气概。我并不觉得这种夫妻双方将批评功能完全搁置起来的做法很让人钦佩，那是因为害怕，希望逃避公正而严厉的批评。很多老单身汉都知道，靠在自己的火炉边能得到相同的满足感。按照克鲁奇先生的标准，我不是一个现代人，因为我在维多利亚时代生活得太久。我并没有丧失对爱情的信念，但我所相信的爱情不是维多利亚时代的人所崇尚的那种爱情。它是大胆的、清醒的，在告诉人们什么是善的同时，它并没有忘记恶，也没有假装神圣和纯洁。这些特质曾经是性禁忌的结果。维多利亚时代的人深信大多数性行为是恶的，因而不得不将一些夸张的形容词加在他们所认可的那类性行为上。那时的性饥渴要比现在厉害得多，这无疑会促使人们夸大性的重要性，就像禁欲主义者一直做的那样。如今我们正处在混沌时期中，很多人丢掉了旧标准，但还没有找到新标准，这给他们带来了各式各样的麻烦。由于他们在潜意识里还在相信旧标准，所以，当有了麻烦时，他们会绝望、懊悔、玩世不恭。我并不认为这种人会很多，但他们却在身处们这个时代最敢说的群体之中。我相信，如果将我们这个时代富裕的青年人和维多利亚时代这样的青年人平均对比一下，就会发现，现在的青年人可以从爱情方面获得比60年前多得多的幸福，也比那时更真心地相信爱情的价值。让某些人变得玩世不恭的原因在于旧式理想对人潜意识的严酷统治，在于缺乏现在的人借以规范其行为的理性的道德标准。要想改正不能靠哀叹和怀旧，只能靠鼓起勇气接受现状，下决心将表面上已被抛弃了的迷信从其隐藏地彻底铲除。

要想简短地说明人们为什么会重视爱情并不容易，但我还是想试试。爱情之所以会被重视，首先是因为它本身就是欢乐的源泉，虽然这并不是爱情的最大价值，但和它的其他价值比起来却是最主要的。

> 爱情啊，他们太冤枉你了
> 说什么你的甜蜜就是苦涩
> 可你丰硕的果实
> 要比任何东西都甜美

写这几句诗的无名作者并不是在为无神论寻找答案，也不是在寻找探寻宇宙的钥匙，他只是在自娱自乐。不仅爱情是欢乐之源,缺少爱情还会是痛苦之源。爱情之所以会被重视,是因为它能增进像音乐、山巅的日出和明月下的大海这样所有最美妙的享受。一个从未和自己爱的女人一起享受过美好事物的男人,是不能充分领略到这些事物所具有的魔力的。爱情能戳破自我的坚硬外壳,因为它是一种生物合作形式,需要用一方的感情来实现另一方本能的目标。世间的各个时期存在着各种独身主义哲学,有的很高尚,有的不那么高尚。斯多葛派和早期的基督徒认为,一个人可以凭借自己的独立意志,或至少在不借助人类帮助的情况下,达到人类所能达到的至善境界;另一些人则把权力看做是生活的目的;还有一些人则把个人享乐当做生活的目的。所有这些都是独身主义哲学,认为善应该是每个单独的人都可以达到的境界,并不只是在更多或更少的人群中才能实现。在我看来,这些观点都是错的,无论从伦理上还是从我们本能的良好表现上来说都是错的。人有赖于合作,自然还赋予了人的确有些不完美的本能器官,它们产生出了合作所需要的友谊。爱情是导致合作的最原始、最普通的情感形式。深爱过的人不会认为,自己的至善境界与自己爱着的那个人的至善境界毫无关系。在这一点上,父母对子女的感情要更强烈些,但这种感情最多也就是父母之间相爱的结果。我并不是在妄言爱情的最高形式是普遍存在的,但我坚信,爱情的最高形式中所蕴含的价值在其他任何地方都找不到,并且它本身就具有一种不受怀疑主义影响的价值,尽管无法获得爱情的怀疑主义者会错误地将他们的无能为力归因为他们所持的怀疑主义。

> 真正的爱情是一堆长久的火
> 永远在心里燃烧
> 从不微弱
> 从不熄灭
> 从不冷却
> 从不背弃自己

下面让我谈谈克鲁奇先生有关悲剧的观点。他坚持认为易普生的《鬼群》不如莎士比亚的《李尔王》,这一点我完全同意。"再强的表现力,再伟大的语言天赋,也不能将易普生变成莎士比亚。后者作品的创作素材,即他对于人的尊严的看法、对人的热情的重要性的认识、对人生丰富程度的洞察,是易普生没有也不可能拥有的,易普生的同代人也没有,也是不可能拥有的。上帝、人和自然界莫名其妙地在莎士比亚和易普生之间的几个世纪中全都缩小了,不仅是因为现代艺术的写实信条促使我们去寻找平凡的人,而且还因为这种人生的平凡不知怎的通过同样的过程被强加给了我们。这个过程导致了艺术上写实理论的发展,借助这样的理论我们的观点才能被证明是合理的。"毫无疑问,有关王子们及其忧伤的旧式悲剧是不适合我们这个时代的,而如果我们用同样的手法去描写默默无闻的普通人,效果一定不一样。但是,其原因并不是我们对生活的看法倒退了,而是刚好相反。我们不再认为某些人是世间最伟大的人,只有他们才有权尽情忧伤,其他人只配为了让这些少数人壮丽、辉煌而辛苦操劳。莎士比亚说过:

乞丐死时不会有彗星出现
苍穹只为王子之死而闪耀

在莎士比亚的时代,这种情感即使并不是一种信念,至少也是一种普遍存在的、莎士比亚自己也深信不疑的观点。因此,诗人辛纳①的死就是喜剧的,而恺撒、布鲁图②和卡修

---

① 罗马诗人。
② 密谋刺死恺撒的主要人物之一。

斯[1]的死就是悲剧的。对我们来说，个体死亡的宇宙性意义已经不存在了，因为无论是在外部形式还是在我们的内心信仰上，我们已经变得民主了。所以，在今天，崇高的悲剧应该关注团体而不是个人。我举一个恩斯特·托勒[2]的《大众人》的例子——我并不认为该作品就像历史上最好年代里的最佳作品一样好，但我坚信它应该是具有可比性的。它高尚、深刻、真实，关注英雄行为，并且像亚里士多德说的那样"把读者从怜悯和恐怖中净化出来"。因为必须要抛弃老技巧和老传统，又不能代之以稍有些教养的陈词滥调，所以这类现代悲剧是极为少见的。要想写悲剧，就一定要有悲剧情怀。而要想有悲剧情怀，就必须认识自己所生活的这个世界。不仅要用心来认识，还要用血和身体来认识。克鲁奇先生在他的整本书中不时会谈到绝望，人们会被他勇敢地接受严酷世界的精神所感动。但这种严酷是由于他和大多数文人还不知道如何在新的刺激下去感知旧式情感所造成的。刺激是有的，但不在文人圈里。文人圈子与社会生活之间没有一种富有生机的联系，而如果一个人想拥有能够产生出悲伤和真正快乐的严肃而厚重的情感，就必须有这种联系。我想对所有觉得

---

[1] 罗马大将。
[2] 德国戏剧家。

自己无用武之地的富有才干的青年人说："放弃试着写作的念头，尽量不去写作，走向社会，做个海盗、婆罗洲王或苏联的劳动者吧，为自己找到一种为了满足基本的生理需要而需耗费你几乎全部精力的生活方式。"我并不是建议所有人都应这样做，我只希望身患克鲁奇先生诊断出的那种病的人这样做。我相信，如果过上几年这样的生活，以前的这位知识分子会发现，不管怎么克制，他都无法按捺自己的写作冲动。那时，他就不会觉得自己的写作毫无意义了。

第3章 论竞争

如果你在美国随便问一个人，或者在英国随便问一个商人，最妨碍他享受人生的是什么事，他一定会说："生存之战。"这是他的肺腑之言，他对此深信不疑。从某种意义上来说这是对的，但从另一种并且是十分重要的意义上来说却是非常错误的。当然，的确有为生存而战这种事，如果我们不够幸运就会摊上这种事。[①] 小说中的主人公福尔克就是这样的例子。在一条破船上，只有他和另一个人有武器，除了吃掉其他水手，他俩再也没有其他东西可吃了。当他们把协商好的人肉吃完之后，一场真正的生存之战开始了。结果福尔克赢了，但此后他就成了一个素食主义者。而现在的商人所说的"生存之战"可不是这回事。为了让本质上很浅薄

---

① 英国小说家。

的事显得很高尚，他们就挑了这么一个极不确切的词。你可以问问他们，他们这个阶层的人有几个会死于饥饿？他们的朋友们破产之后能怎么样呢？谁都知道，在物质享受方面，破产了的商人比从未富到有机会破产的人要好得多。所以，人们所说的生存之战实际上是成功之战。当他们战斗时，他们怕的不是明天会吃不上早餐，而是他们没有邻居强。

奇怪的是，很少有人会认识到，他们并不是因被机械装置夹住了而无法脱身的，抓住他们的是他们脚下的踏车，因为他们还没有注意到，踏车是不会把他们带到更高的台阶上的。当然，我所指的是做大生意的人，他们收入颇丰，只要他们愿意，就可以靠自己的收入生活。但对他们来说，这么做是可耻的，就好像是在敌人面前逃跑了。而如果你问他们是出于什么公共原因而工作时，在说完广告里才会有的有关生活艰辛的陈词滥调之后，他们便无话可说了。

试想一下这种人的生活：他有一处迷人的居所，一个美丽的妻子，几个可爱的孩子。清晨，当妻儿还在睡觉时他就起来匆匆赶往办公室了。在那里，他需要展示出一个优秀行政人员的风范，要紧绷下颚，说话要果断坚决，要让自己的睿智感染除勤杂工之外的每一个人。他口授信函，与各类重要人物通话，研究市场，与正在和他做生意或希望和他做生意的人共进午餐。整个下午做的还是这些事。他疲惫地回到家，换好衣服又去赴晚宴。席间，他和很多其他疲惫的男人们都装出一副很享受没有那些没机会疲惫的女士们作陪的样子。谁也不知道这些可怜的人多久之后才能脱身。最后他终于睡着了，让绷紧的神经放松几小时。

过着这种生活的人就像是在进行百米赛，但他们竞赛的终点是坟墓，进行百米赛所需的集中精神用在这儿迟早会显得过分的。他对他的孩子们了解多少？平日里他都待在办公室，周日他又待在高尔夫球场。他对他的妻子又了解多少呢？清晨他离开时，她还在睡觉。整个晚上他和她都在忙着交际应酬，没机会亲密交谈。他可能根本就没有对他来说很重要的男性朋友，尽管他也有一些故作亲密的朋友。关于春季和收获的秋季，他知道的只是它们会影响市场行情。他可能去过欧洲

各国，但却是用十分厌烦的眼神在审视。对他来说，看书是在浪费时间，听音乐是附庸风雅。年复一年，他变得越来越孤独，注意力越来越集中，生意以外的生活越来越枯竭。我在欧洲见过人过中年的这类美国人，还有他们的妻子和女儿。显然，她们苦口婆心地劝说他该去度假了，好让她们有机会看看欧洲。母亲和女儿欣喜若狂地围着他，让他看吸引她们的每一项新事物。而十分厌烦、十分无聊的一家之主却一直在琢磨，此时此刻办公室里的人在干什么或棒球赛打得怎么样了。最后妇女们不再对他抱有任何希望，认为男人都很俗。她们从未想过他是她们贪欲的牺牲品，不过这一点并不比欧洲人所认为的印度妻子殉节准确多少。十个寡妇中的九个可能都是自愿牺牲的，为了荣耀也因为宗教规定而自焚。商人的信条和荣耀要求他们必须赚很多钱，所以，他们就像印度寡妇一样很愿意忍受痛苦。如果美国的商人们想要快乐些，就必须先改变自己的信条。只要他们不仅渴望成功，而且还真心认为男人的职责就是追求成功，不这么做就是一个可怜虫；只要他还是那么集中精力，还是那么焦虑，他就不可能快乐。举个简单的例子，比如投资。很多美国人都愿意要风险投资的8%的收益，而不是安全投资的4%的收益。结果就是不断地损失，总是在担心、苦恼。对我来说，我希望从金钱中得到有安全感的悠闲。但现代人通常都渴望拥有更多的钱，以此来炫耀自己的显赫，借此胜过和他地位相等的人。美国没有固定的社会阶层，它们总是在变动，这样就使得那儿的势力情绪比社会阶层稳定的地方的势力情绪要活跃得多。而且，在那里，尽管金钱本身并不足以让人显赫，但没有金钱却是难以显赫的。另外，能挣多少钱是衡量人智力水平的公认标准，挣钱多的人就是聪明人，挣钱少的人就不是聪明人，而没有人愿意被人看成傻子。所以，当市场总在波动时，人就会觉得自己像是参加考试的年轻人。

我认为，应该承认，商人的焦虑中常常会有对破产结果所产生的非理性但却是真实的恐惧成分。阿诺德·贝奈特①笔下的克莱汉格不管自己多么富有，他总怕自己死在救济院里。童年时遭受过极度贫困的人总是担心自己的孩子也会遭受同样的命运，觉得很难挣到足够多的可以抵御这种灾难的百万家财，对此我深信不疑。第一代人难免会有这种恐惧感，但从未遭受过极度贫困的人却不太会有这种苦恼。不管怎样，在这个问题上，惧怕贫困是少数的，多少有些例外的因素。

---

① 英国作家。

问题的根源在于，过于将在竞争中获胜看做是幸福的主要源泉了。我并不否认成功可以让人更容易享受生活。比如说，一个年轻时一直默默无闻的画家，如果他的才华被人认可，他可能就会更快乐。我也不否认，从某一点来说，金钱很能增强人的幸福感。而一旦超过了这个点，我认为金钱就不能增强人的幸福感了。我坚信，成功只是幸福的一个要素，如果为了得到它而牺牲其他要素，代价就太大了。

问题就出在流行于商业圈的生活哲学上。事实上，欧洲还有其他一些颇具威望的圈子，一些国家还有贵族阶层，所有的国家也都有需要学问的职业。另外，除了少数几个小国以外，陆军和海军军人都很受尊敬。虽然不管从事何种职业，人都会努力地争取成功，可是受人尊敬的并不仅仅是他的成功，还有他赖以成功的优秀点，不管这个优秀点是什么。搞科研的人可能挣钱，也可能挣不了什么钱，但他能挣钱并不会比挣不了什么钱得到更多的尊敬。当发现杰出的将军或海军上将很穷时，没人会感到惊讶。实际上，从某种意义上说，这种情形下的贫困本身就是一种荣誉。正因为如此，在欧洲，单纯的金钱上的竞争只限于某些行当，它们很可能是最没有影响力或最不受人尊敬的行当。美国的情况则不同。按照他们的标准，服兵役对其国民生活的作用很小，所以这一行产生不了什么影响。至于需要学问的行当，外行根本不知道医生是否真的很懂医学或律师是否真的很懂法律。所以，从他们的生活水平推断出的个人收入便成了一种判断其能力高低的简便方式。还有就是教授，他们成了商人雇用的仆人，他们也因此没有受到在较为古老的国家里可以受到的那么多的尊敬。这一切使得美国的专业人员都在效仿商人，而不是像欧洲那样，专业人员可以自成一体。因此，任何东西都无法阻止整个富裕阶层为获得财务上的成功而进行竭尽全力的斗争。

美国的男孩子在很小的时候就认为，为获得财务上的成功而斗争是唯一重要的事，他们不愿为任何一种没有经济价值的教育而努力。教育曾经被看成是培养享受能力的一种训练，我所说的享受指的是没有面向所有未受教育人群的、较为风雅的享受。在18世纪，对文学、绘画和音乐有自己不同的鉴赏情趣是一个"绅士"的标志之一。今天的我们可能并不欣赏他们的品位，但至少这种品味是名副其实的。现在的富人们有时也很有修养，却绝不是与众不同的一类人。他们从不读书，如果他们为了提高自己的声望而建造画廊，他会让专家替他选画，他的喜悦不是欣赏这些画所带给他的喜悦，而是因为没有让其他富人得到这些画所产生出来的喜悦。至于音乐，如果他恰好是个犹太人，那他可能真的很会欣赏；而如果他不是，他就会像是面对其他艺术一样表现得一无所知。所有这一切会让他不知道该如何度过自己的闲暇时光。随着他越来越富有，他也越来越容易赚到钱。最终，一天五分钟里挣到的钱就多得让他不知道该怎么花了，于是这个可怜虫因成功而变得无所适从。只要将成功作为生活的目的，就一定会是这样。除非一个人知道应该如何应对自己的成功，否则他的成功一定会让他备受煎熬。

　　人们头脑中的竞争习性是很容易侵入那些没有这种习性的区域的。就拿阅读来说，读书的动机有两个，一个是你乐在其中，另一个是你以此为荣。在美国，每个月阅读（或者好像是读了）某些书已经成了女士们的风尚了。她们有的会读整本书，有的只读第一章，还有的只读书评，但大家桌上都摆着这些书。她们从不读过去的名著，读书俱乐部从来没有将"哈姆雷特"和"李尔王"选作每月一书，也从没有哪个月让她们觉得应该了解一下但丁。结果，她们读的全都是现代的书，这些书中自然鲜有或从未有过名著。这也是竞争的结果，或许并不是一无是处，因为对于其中大多数女士来说，如果让她们自己挑选书籍，岂止是绝不会阅读名著，她们读的书可能比她们的文学牧师或文学大师给她们挑的书还糟。

现代生活之所以会强调竞争，主要是与文明标准的普遍衰败有关，就像奥古斯都时代之后的罗马。男人和女人好像已经不能陶醉于更文雅的愉悦中了。举例来说，18世纪的法国沙龙尽善尽美地进行普通谈话的艺术，在40年前还是一种充满生气的传统。这是一种非常精美的艺术，可以让人为了转瞬即逝的事物而充分发挥自己的潜能。而在我们这个时代，谁还会关注十分悠闲的事物呢？五十或一百年前受过教育的人普遍具有的良好的文学素养，如今却只被少数的教授拥有。所有较为恬静的消遣方式都被遗弃了。几个美国学生在一个春天曾和我一起在他们校园边上的树林间散步，林间开满了艳丽的野花，而我的向导们却连一个花名都叫不出。这种知识有什么用呢？它又不能增加收入。

这个问题并不仅仅是由个人造成的，个人也不可能靠一己之力阻止它。问题出在了被普遍接受的生活哲学上。根据这种哲学，生活就是比赛，就是竞争，只有赢家才会受人尊敬。这种观点使得人们会以牺牲感觉和智力为代价去过度培养意志力。也许这么说是本末倒置了。清教徒中的道德家们原本看重的是信仰，现代社会却总是在强调意志力。这或许是因为清教主义时代产生了一种种族，该种族意志力过于发达而感觉和智力却很匮乏，认为竞争最符合自己的属性。不管怎样，这些和其史前原型一样爱权力胜过爱智慧的现代恐龙们取得的巨大成功让所有人都在模仿他们。他们成了所有白人的楷模，今后的几百年很可能更是这样。不过那些不迎合潮流的人是可以得到安慰的，因为恐龙并没有取得最后的胜利，它们互相残杀，结果让聪明的旁观者继承了它们的王国。我们的现代恐龙们也正在蚕食自己。一般来说，每对夫妇所生的孩子不到两个，他们不想充分享受生活，所以也就不愿生儿育女。就这一点来说，他们从其清教徒祖先们那里传承下来的过于奋进的哲学观显得并不适合这个世界。对生活的看法让自己觉得没什么快乐可言，以至于不在乎生儿育女之事的人都是在生物学上被判了死罪的人。过不了多久，他们一定会被更快乐和更开心的事物取代的。

认为竞争是生活中主要的事情是很可怕、很固执的，这会让人的肌肉和神经都很紧张。如果以此为基础来生活的话，最多也持续不了一二代。经历了这种生活之后，人一定会神经衰弱，还会用各种方式来逃避现实，连寻欢作乐也会像工作一样紧张和困难（因为已经不可能悠闲了），最终整个家族也会因不育症而消亡。竞争哲学不仅毒害了工作，它也同样毒害了休闲。恬静且能让神经得以恢复的休闲方式被认为是无聊乏味的,这必然导致持续不断的加速运转,结果自然会是吸毒和崩溃。医治的办法是承认理想的平衡生活中要有健全而恬静的享受内容。

第4章 论烦闷与兴奋

在我看来，作为人类行为的一个要素——烦闷——远没有得到应有的关注。我认为，烦闷一直是各个历史时期最重要的原动力之一，现在更是如此。烦闷似乎是一种人类独有的情绪。的确，被关起来的动物也是无精打采的，它们不停地走动，哈欠连连，但我相信，在自然状态，它们是不会有类似烦闷的举动的。它们在大部分时间里都在注视着自己的敌人或食物，或者两者都有。有时它们会交配，还有时会设法取暖。但即使在它们不高兴时，我也不信它们会觉得烦闷。就像在很多其他方面一样，在这一点上黑猩猩也许和我们一样，可因为我从来没有和它们一起生活过，所以也就没有机会做这个实验了。烦闷的本质之一，是现实环境与让人想入非非的更愉快的环境之间存在着反差，它的另一本质是人的机能没有被完全占用。我想，逃离试图要你命的敌人不会是件愉快的事，但却一定不会让你烦闷。一个人在被执行死刑时是不会觉得烦闷的，除非他有超人般的勇气。同样，除了已故的德文郡公爵，没人会在上院进行首次演说时哈欠连天的，而他却因此受到了贵族们的尊重。从本质上说，烦闷是一种希望发生点儿事的固执愿望，这种事不一定非得是好事，只要是能让烦闷的人知道这天和那天不同的事就行。总而言之，烦闷的对立面不是愉快，而是兴奋。

人类从心底里渴望兴奋，特别是男人。我想人类在狩猎时代比后来的时代更容易兴奋。狩猎会让人兴奋，战争会让人兴奋，求偶也会让人兴奋。一个野蛮人会设法与一个丈夫就睡在身边的女人通奸，尽管他知道如果那位丈夫醒了他就会立刻丧命。我想这是不会让人烦闷的。随着农耕时代的到来，生活开始变得单调乏味了，当然，贵族们除外，因为他们仍旧生活在狩猎时代。我听说过非常多的、有关机械耕作让人讨厌的话，但我想老式的耕作方法至少一样让人讨厌。我的看法确实与大多数博爱主义者相反，我认为机器时代极大地减少了世界上的烦闷。在挣工资的人看来，工作时间不是孤独寂寞的，晚上还可以进行各种在老式乡村不可能有的娱乐活动。再看看中低阶层的生活变化。过去，吃过晚饭后，在妻儿收拾停当之后，所有人都会围坐在一起，过一段所谓的"快乐家庭时光",也就是一家之主睡觉,妻子编织,孩子们则在说还是死了的好或者希望能梦游杜巴克图①之类的话。她们不许读书,也不许离开房间,因为从理论上说,她们的父亲会在那段时间和她们进行一定会让在场所有的人都感到愉快的谈话。幸运的话,她们最后都结了婚,也有机会让她们的孩子有一个和她们一样黯淡的青春。如果她们不走运,就会变成老处女,也许最终会成为老朽的高级侍女,这种命运与野蛮人给予其牺牲品的命运一样可怕。在推测一百年前的世界时应该考虑烦闷所产生的这些影响,而且越是往前追溯,烦闷的程度就越深。想想一个中世纪村庄单调的冬天吧,人们不会读也不会写,天黑之后只能靠蜡烛照亮,唯一一间还不算太冷的房间到处都是燃烧柴草所产生的浓烟。道路无法通行,所以几乎没机会看见另一个村庄的人。烦闷一定是让"抓女巫"成为唯一一项运动的诸多原因之一,因为它能为冬天的夜晚带来生气。

我们比祖先们的烦闷少,但却比他们更怕烦闷。我们终于知道,更应该说是相信,人的天性中并没有烦闷的成分,如果全力以赴地去找寻兴奋,就可以不烦闷。现在的女孩子

---

① 非洲马里的一个城市。

都能自立,在很大程度上是因为这能让她们在晚上出去找刺激,逃避她们奶奶不得不忍受的"快乐家庭时光"。不管能不能住在城里,她们每个人都有车,至少也有一辆摩托车,可以载着自己去看电影。当然了,她们家里都有收音机。青年男女约会要比以前容易得多,每个女仆一周至少可以有一次这种激动的会面,而这却是简·奥斯汀①的女主人公在整部小说里始终期盼的事。随着社会地位的提升,我们寻找兴奋的心情也越来越迫切了。有能力的人总是从一个地方换到另一个地方,走到哪儿,乐到哪儿,不停地跳舞、喝酒,他们总是出于某种原因想在新的地方更尽兴。那些不得不去挣钱谋生的人必然会在工作时间感到烦闷,而那些因为有足够的钱而不需要工作的人就可以按照自己的想法生活,彻底远离烦闷。这是贵族式的理想生活,我对它绝无诋毁之意,但恐怕它会像其他理想一样,实现它要比理想主义者期盼它困难得多。总之,清晨相应地要烦闷些,因为昨晚很开心。人会有中年,可能还会有老年。人在 20 岁时会想自己的生命会在 30 岁时结束。而当我 58 岁时,我却不再这么想了。也许把人的生命资本当做经济资本来消费是不明智的,也许烦闷中

---

① 18 世纪英国女小说家。

的某些要素是生活中必不可少的。希望躲避烦闷是很自然的，实际上，只要有机会，各个种族都会表露这样的愿望。野蛮人第一次尝了白人手里的酒后就觉得终于可以逃离沉闷的旧时光了，除非政府干涉，否则他们会让自己喝得不省人事的。进行战争、屠杀、迫害都是为了逃避烦闷，与邻居吵架好像也比平淡无奇要好。因此，对于伦理学家来说，烦闷是一个极其重要的问题，因为人类所犯的至少一半的罪行都是由害怕烦闷引起的。

但是，也不应该认为烦闷完全是一种罪恶。有两种烦闷，一种可以带来成果，另一种可以让人愚蠢。前者是由缺少毒品引起的，而后者则是由缺乏充满活力的活动引起的。我并不想说毒品一无是处，举例来说，一个明智的医师是会开镇静剂这种药方的，我还相信这种情况比反对者想象的要多。而对毒品上瘾是一定不行的，不能放纵这种本能的冲动。在我看来，习惯吸毒的人无法吸毒时所产生的这类烦闷只能靠时间来消解。而适用于毒品的理论在一定范围内也适用于各种兴奋。充满太多兴奋的生活是使人精疲力竭的生活，需要不断地借助很强的刺激来让自己兴奋，这会让人觉得这种兴奋是快乐不可或缺的部分。习惯于太多兴奋的人就像一个对胡椒面的喜好近乎病态的人，可以让别人窒息的量对他来说甚至连味道都没有。烦闷中也有与避免太多兴奋分不开的部分,太多的兴奋不仅会损害健康,还会让人对各种快乐滋味不敏感,以至于用搔痒代替机体的完全满足,用小聪明代替大智慧,用惊诧代替美。我并不想走到反对兴奋的这个极端,一定量的兴奋是有益的,但几乎和所有其他东西一样,关键在于量的多少。太少了会导致病态的渴求,太多了又会导致精疲力竭。所以,要想生活快乐就应该具备一定的烦闷耐受力,这是应该教给青年人的东西之一。

所有伟大的著作都有乏味的部分,所有伟大的生活都有无聊的时候。想一想,当一位现代出版商面对第一次看到的《旧约全书》的新书稿时会是什么样子。不难想象他会如何评论,他可能会说:"亲爱的先生,这章缺乏生气,你不能指望读者会对一连串你介绍得很少的人的真名实姓感兴趣。我承认,故事的开头写得不错,起初我的印象很好,但你太愿意和盘托出了。取出精华部分,删掉多余内容,将书稿缩减到合理长度后再给我看。"因为知道现代读者害怕烦闷,所以现代的出版商才会这么说。对于穆罕默德圣人的经典著作《古兰经》、马克思的《资本论》以及其他所有销量最好的神圣的典籍他也会说同样的话。并不是说只有神圣的典籍才会有乏味的章节,所有最好的小说都会这样。一本从头至尾都是熠熠生辉的小说绝对不是一本伟大的书。除了极少数伟大的时刻,大多数伟人也不是一直生活在兴奋中的。苏格拉底会不时出席宴会,也一定会在毒参发生药效时十分享受自己的谈话,可他生命的大部分时间都是和克珊西比[①]一起平静地度过的。他会在下午散步,可能还会顺便见几个朋友。据说康德一生从未去过故乡柯尼斯堡十公里以外的地方;周游世界之后,达尔文在家里度过了整个余生;掀起了几次革命之后,马克思决定在大英博物馆度过自己的余生。总之,可以看出,生活平静是伟人的特质,他们的快乐不是外人眼里的那种兴奋。没有坚持不懈的工作是不可能有伟大的成就的,这种全神贯注和艰苦卓绝让他们几乎没有精力再进行更加刺激的娱乐活动了,当然,假日里用来恢复体力的活动除外,攀登阿尔卑斯山可以是最好的例子。

忍受多少有些单调的生活的能力是一种在儿童时期就应该培养起来的能力,在这方面应该严厉地批评现代的父母们,他们给孩子提供了太多被动的娱乐活动,比如看电影、吃美食。他们没有认识到,除了极少数重要时刻,对于孩子来说,

---

① 苏格拉底的妻子。

能过日复一日的平淡生活是很重要的。童年的快乐应该主要是那种,如孩子凭借一些努力和创造力摆脱了自己所处的环境。兴奋的、不需要消耗体力的快乐,如听歌剧,应该被减到最少。从本质上说,兴奋就是毒品,会越来越上瘾的。而兴奋时的身体是在被动地反应,与人的本能反应截然相反。孩子就像幼苗一样,只有总是在原地生长、不被打扰才能很好地成长。对于年轻人来说,太多的旅行、太多的各种印象是不好的,这会让他们长大以后不能忍受可以为他们带来成功的单调生活。我并不是说单调的生活本身就有价值,而是只有一定程度的单调才有可能得到某些美好的东西。就拿华兹华斯的诗《序曲》来说,每位读者都会认为,无论他的思想和情感多么的富有价值,一个思想复杂的都市青年也是不可能体会到的。一个有着严肃且富有建设性目标的男孩子或男青年,如果他觉得有必要,就会心甘情愿地忍受非常烦闷的生活。而如果他过着懒散、放荡的生活,就不容易从心底里生出富有建设性的目标,因为他的思想总是被引到下一次的快乐,而不是遥远的成就。正因为如此,不能忍受厌烦的一代将是渺小的一代,他们会过度脱离自然的那种缓慢进程,其所有的生命冲动也会慢慢衰竭,就像花瓶里被扯断的花儿一样。

我不喜欢神秘玄妙的语言，但我就是不知道，如果不用富有诗意的词语来替代科学用语，那该如何表达我的意思。不管我们怎么想，我们都是地球之子，我们的生活是地球生活的一部分，我们和动植物一样，都从地球汲取养分。地球的生活节奏是缓慢的，对它来说，秋天、冬天和春天、夏天一样不可或缺，休息也和运动一样十分必要。与成人相比，孩子更应该和地球生活的起伏节奏保持某种接触。多少年来，人体已经适应了这种节奏，宗教也将其中的一些东西融入了复活节。我见过一个两岁大的、一直被养在伦敦的男孩儿第一次被带到绿色的乡间走路的样子。时值冬日，一切都是潮湿而泥泞的，在成人眼里，那儿没什么让他们高兴的东西，可在这个男孩儿眼里，那儿却能让他心醉神迷。他跪在湿地上，把脸埋在草里，发出听不太懂的欢乐的叫声。他所体验的那种快乐是原始的、单纯的，也是巨大的。这种官能需要是非常强烈的，这方面得不到满足的人很少是完全健全的人。很多乐趣本身没有任何可以与大地有这种接触的元素，赌博就是很好的例子。一旦停止了这种乐趣，人就会觉得烦躁和不满，觉得缺点儿什么，可自己也不知道缺什么。这种乐趣不会带来任何可以被称作是快乐的东西。相反，可以让我们接触到大地生活的那种乐趣本身就具有让人深感快慰的某些东西。当停止这种乐趣时,它们带给我们的快乐依然存在,尽管这种乐趣的快乐程度可能比不上更能让人兴奋的放浪行乐。在我看来,这种区别存在于从最单纯到最文明的所有行为之中。我刚才提到的两岁男孩为我们展现了与大地生活相一致的最原始的可能形式,而同样的事情也以更高的形式出现在了诗歌中。莎士比亚的抒情诗之所以是最好的,是因为里面充满了欢乐,这种欢乐与能够让两岁男孩拥抱草地的那种欢乐是一样的。在"听,听,那云雀"或"来到金黄的沙滩上"的诗句里,你会发现对一种情感的文明表述,而这种情感正是两岁大的孩子只能用我们听不太懂的欢快叫声来表达的那种情感。或者再想想爱情与单纯的性吸引之间的区别。爱情是让我们整个身心更新、重生的一段经历、一种体验,就像久旱逢甘霖的植物。没有爱情的性行为是没有这些的。片刻欢娱之后,留下的只是疲惫、厌恶和空虚感。爱情是大地生活的一部分,而没有爱情的性行为却不是。

现代都市人所遭受的某些特殊形式的烦闷与脱离自然生活很有关系。这会让生活躁动、枯燥、充满渴望,就像在沙漠中旅行。对于那些可以选择自己生活方式的富人来说,特别不能忍受的烦闷却像它看上去就荒谬一样,是出自他们对烦闷的惧怕。为了逃脱已有的烦闷,他们反而会陷于另一种更可怕的烦闷中。幸福的生活在很大程度上一定是一种平静的生活,因为真正的快乐只能常驻在平静的环境里。

第5章 论疲劳

疲劳的种类很多，某些疲劳比另外一些更能妨碍幸福。只要不过度，单纯的身体疲劳往往可以成为幸福的原因之一。它可以让人呼呼大睡，胃口大开，尽情享受假日的欢乐。但如果过度了，疲劳就会变成一种严重的危害。除了最发达的社会，农妇们在三十岁时就会老，过度的疲劳让她们筋疲力尽。在工业化的早期阶段，孩子们发育迟缓，并常常因过度劳累而早早夭折。工业化刚刚起步时的日本有这种情况，美国南部各州在某种程度上也是这样。

超过一定限度的体力劳动就是一种残忍的折磨，这种事很普遍，让人无法承受。但在最发达的现代社会里，通过改善工作条件，身体疲劳已被大大地减少了。如今，在发达社会里，最严重的一类疲劳是神经性疲劳。说来也奇怪，这种疲劳在富裕人群中表现得最为明显，工薪阶层往往比商人和脑力劳动者更不容易有这类疲劳。

避开现代生活中的神经性疲劳是非常难的一件事。城市中的劳动者在整个工作时间里，甚至是在上下班之间的时间里，都会受到噪音的困扰。虽然他知道如何不去有意识地听大部分噪音，可这仍会让他疲劳，这更多的是因为他需要下意识地让自己不听。

另一件我们没有注意到的可以导致疲劳的事，就是不断地遇到陌生人。和其他动物一样，人的自然本能就是了解每一个陌生者，以便决定是亲近他还是敌视他。而在高峰时段坐地铁的人会不得不抑制自己的这种本能，这么做的结果是他会对所有偶遇的陌生人产生一种怒气。

还有就是需要急急忙忙地赶早班地铁，这会引起消化不良。等到了办公室开始工作时，这位职员已经神经疲惫，并会把人类看成是一种讨厌的东西。他的老板也是这么来上班的，根本不会帮他的员工化解这个问题。由于怕被解雇，员工们会装出恭顺的样子，而这种不自然的行为只能让神经更紧张。如果允许员工每周捏一次老板的鼻子，或者用其他方式表明他们对他的看法，就可以让他们紧张的神经放松下来。但老板也有自己的麻烦，这么做是无济于事的。雇员们怕的是被解雇，老板怕的则是破产。的确，有的老板相当强大，不会有这种恐惧，但要想有这样显赫的地位，通常都需要经过多年的艰苦历练。在此期间，需要随时留意世界各地的事件，不断挫败竞争对手的计划。结果就是，当成功来临时，人的神经已经受损，并且由于已经习惯了焦虑，所以即使再也不需要这样了，他也改不了焦虑的习惯。富人们当然也有儿子，但儿子们通常会成功地给自己制造出焦虑，这种焦虑可能和他们如果不是生来就富有而产生的焦虑一样。他们打赌、赌博，这让他们的父亲很不满。为了享乐，他们睡得很少，体质也变差了。当他们安定下来时，已经和他们的父亲一样成了不会快乐的人了。不管是情愿还是不情愿，是可以选择还是没得选择，大多数现代人都过着不安的生活，总是会因为太疲劳而需要在酒精的作用下才能感觉到快乐。

先不谈那些只不过是些傻子的富人们，让我们来说说因努力谋生而疲劳的普通人。他们的疲劳在很大程度上是忧虑引起的，而较好的生活哲学和多一点的心理自律可以防止忧虑的产生。大部分人都不能控制自己的思想，我的意思是，当无计可施、无能为力时，他们不能不去想那些让他们忧虑的事。男人们带着生意上的烦恼上床睡觉，在本该养足精神去应对明天的问题的夜里，他们却反复思考着此刻根本无计可施的问题。这不是在为明天想出清晰的行动路线,而是失眠时的胡思乱想。夜里胡思乱想的一些事在上午还会缠着他,这会搅乱他的判断力,搞坏他的情绪,一不顺心就勃然大怒。聪明人只在自己的麻烦是有意义的时候才会这么做,在其他时间里,他会去想别的事,在夜里他是什么都不想的。我并不是说在重大危机前,如就要倾家荡产了或一个男人知道他的妻子欺骗了他,他还有可能(少数拥有特殊心理自律能力的人除外)在无计可施时不去想自己的麻烦。但我们还是极有可能不去想那些日常生活中常见的烦恼,除非必须得解决它。通过培养有秩序的头脑而增加的幸福感和提高的效率是令人吃惊的。有秩序的头脑就是在合适的时间里充分地思考一件事,而不是在所有的时间里断断续续地思考这件事。当必须要做出艰难的或令人担忧的决定时,一旦掌握了全部资料,给出你的最佳判断并做出决定就是了。之后不要再修改决定,除非你又了解到了新情况。优柔寡断是最劳神、最徒劳的事。

如果知道让我们焦虑的事并不重要,就会大大减少我们的忧虑。我在一生中曾做过相当多的公开演讲。最初,每个听众都会让我害怕,紧张情绪让我讲得很糟。对此我非常害怕,总是希望在必须演讲前最好能把腿摔断了,讲完之后我会因为神经紧张而精疲力竭。慢慢地，我会让自己认识到，我讲得好与不好都没关系，因为地球照样转。我发现，我越是不在乎我讲得是好是坏，我讲得越没那么糟，渐渐地神经紧张的情况也几乎消失了。用这种方式可以解决大部分神经疲劳问题。我们的行为不像我们想的那么重要，我们的成功与失败根本就没什么不得了的，哪怕是最痛苦的事我们也能熬过来。那些似乎一定能够让我们不再幸福的烦恼，也会随着时间的流逝而消退，以至于我们可能会忘记烦恼的程度。除了这些以自我为中心的考虑之外，就是自我意识并不是构成这个世界的特别大的部分这个事实。如果一个人可以将自己的思想和希望集中在超越自我的事物上，那他就能够在日常的烦恼中发现几许平和，而对完全的自我主义者来说，这是不可能的。

可以被称作是神经卫生的学问被研究得太少了。的确，工业心理学已经针对疲劳做了详尽调查，详细的统计结果表明，如果你长时间地做某事，最终会感到相当疲劳，这是一个不需要过多炫耀科学就可能猜得到的结果。心理学家所做的疲劳研究主要针对的是肌肉疲劳，尽管也有一定数量的疲劳研究针对的是学校里的孩子。然而，这些研究都没有触及重要问题，重要的那类疲劳总是与现代生活的情绪有关。单纯的脑力疲劳和单纯的体力疲劳一样，在睡眠中就可以自我救治。任何一个需要从事大量但不需要投入感情的脑力劳动的人，比如做精密计算工作的人，都可以在一天结束时将那天的疲劳睡掉。过度劳累的危害很少是由过度劳累本身引起的，它是由某种忧虑或焦虑引起的。情绪性疲劳的问题是它会干扰人的休息，一个人越是疲劳就越是无法阻止这种疲劳。近乎神经崩溃的症状之一就是坚信自己的工作极为重要，认为休假会为自己带来灾难。如果我是个医生，我会给认为自己的工作很重要的每一位病人开一个休假处方。事实上，从我个人所了解的每个事例来看，看似是由工作引发的神经衰弱都是一些情绪问题造成的。神经衰弱者之所以会去工作，是因为想逃避这些情绪问题，他之所以不愿意放弃工作，是因为如果这么做，就再也没有可以让他不去想自己的不幸的东西了，不管这东西是什么。当然，他担心的可能是破产，这样一来，他的工作就与他的忧虑密切相关。忧虑很可能会让他长时间地工作，以至于判断力也模糊了，而破产的时间可能比他少干些工作来得还要快。导致神经衰弱的都是情绪问题，而不是工作。

忧虑心理学绝对不简单。我已经说了精神自律的问题，也就是在合适的时间思考事情的习惯。这种习惯很重要，首先是因为它会让你不用花很多心思就完成日常工作，其次是因为它可以治疗失眠，最后是因为它可以提高决策效率，增长决策智慧。但这种方法不会触及潜意识或无意识层面的东西，并且当问题严重时，除非解决方法可以到达意识层面之下，否则该方法将不起任何作用。心理学家们针对无意识对意识的作用做了大量的研究工作，但有关意识对无意识的作用问题却研究得很少。然而，在心理卫生这个话题上，后者却是极为重要的，并且，如果想让理性的信念作用于无意识领域，就必须了解这方面问题，这点尤其适用于忧虑问题。一个人很容易自己告诫自己，即使发生了种种不幸，也没什么可怕的。但只要这仅仅是一种意识上的信念，就不会作用于夜间，不让你做噩梦。我个人认为，如果尽心尽力了，是可以将有意识的想法注入无意识中去的。大部分无意识都是由曾经非常情绪化的、现在被藏了起来的有意识的想法组成的。有意识地隐藏是可能的，通过这种方式就可以利用无意识做很多有用的事。例如，我发现，如果我必须就一些相当艰涩的题目写些东西，最好的方法就是用几个小时或一天的时间绞尽脑汁地想，能想多深就想多深，最后将工作丢下，告诉自己说，工作在秘密进行。几个月后，我会有意识地回到那个题目上，那时我发现我的工作已经完成了。在发现这个技巧之前,我会因为工作毫无进展而连续数月焦虑不安,这种担心没有帮我解决任何问题,还浪费了几个月的时间。而现在我就可以用这段时间做别的事了。焦虑的过程也很相似,当受到不幸的威胁时,应当严肃、认真地想清楚最坏的情况可能是什么。正视可能发生的不幸,用一个充分的理由让自己认为不管怎样也不会发生这种最可怕的事。总会有这样的理由,因为个人身上发生的事最坏也没有宇宙般无限的重要性。经过一段时间对是否会出现最坏情况的持续观察,并且真正地说服了自己"根本没有多糟的事"之后,你会发现你的忧虑已经被减到了最少。可能需要让这个过程重复几次,最终,如果你能在最坏的可能性面前不做任何逃避,你会发现你的忧虑全都没了,取而代之的是愉快的心情。

这是为了避免恐惧而采取的一般性技巧的一部分。忧虑是恐惧的一种形式,而所有形式的恐惧都会产生疲劳。懂得如何才能不恐惧的人会感到日常生活中的疲劳被极大地减少了。当出现了我们不愿面对的危险时,就会产生最具危害性的一种恐惧。可怕的想法会在一个特殊的时候闯入我们的脑海,具体是什么则因人而异。但几乎每个人都有某种潜在的恐惧感,有的怕得癌症,有的怕破产,有的怕自己不光彩的隐私被人发现,有的怕被嫉妒心折磨,还有的怕在夜里老是想着儿时听过的地狱故事会不会是真的。这些人应对恐惧的方式可能都是错的。一有恐惧感，他们就会努力地去想别的事，用娱乐、工作或其他方式转移恐惧感。就是因为不去正视，现在恐惧感更强烈了。正是因为转移思想的这种努力，刻意地不让自己正视，幽灵才变得更可怕了。应对各种恐惧的恰当方式是理性地、镇静地、全神贯注地思考它，直到你完全熟悉了它为止。最后，这种熟悉会减弱恐惧，整个问题也变得很无聊，我们的思想也就转移了。但这不像以前那样需要意志上的努力，而仅仅是因为你对这个问题失去了兴趣。当你发现你是一个对任何事都爱多想的人时，最好的办法一直都是比你本能的那些想法再多想一些，直到这种事的病态魔力最终荡然无存为止。

现代伦理学最大的缺憾之一就在有关恐惧的问题上。的确，人们都希望男人拥有身体上的勇敢，特别是在战争中，但却不希望他们在其他方面勇敢。对于女人，则根本不希望她们有任何的勇敢。一个勇敢的女人必须把她的勇敢藏起来，而一个除了没有身体上的勇敢，在其他任何方面都很勇敢的男人则会被看成是不好的人。例如，漠视舆论会被看成是一种挑衅，公众会尽其所能地惩罚这个胆敢藐视其权威的家伙。这一切和原本应该是什么样子截然相反。各种勇气，男人的也好，女人的也好，都应受到赞美，就像赞美士兵身体上的勇敢一样。男青年普遍都有身体上的勇敢，这一点证明了勇气是可以在舆论需要时被激发出来的。勇气越多，忧虑越少，疲劳也因此而越少。男人和女人们现在所遭受的神经性疲劳，其绝大部分都是有意识或无意识的恐惧感所造成的。

导致疲劳的一个极为常见的原因就是喜欢兴奋。如果一个人将闲暇时间用在了睡觉上，那他就能保持身体健康。可他的工作时间还是枯燥无味的，所以他会觉得有必要在闲暇时间里放松一下。问题在于最容易得到的、最能在表面上吸引人的乐趣，多半都是耗神的乐趣。一旦超过了某种程度，渴望兴奋就成了古怪性格或天生不满的一种标志。过去，大多数男人都认为幸福的婚姻是不需要兴奋的。而在现代社会里，结婚时间往往会被推迟很久，以至于当最终具备了结婚的经济实力时，结婚时的兴奋却变成了一种只能维持很短一段时间的习惯了。如果舆论允许男人在 21 岁结婚，他们也没有现在婚姻生活中

所有的经济负担，很多男人就不会渴求像工作一样疲劳的乐趣了。但这可能是不道德的，这可以从林德森法官的命运中看出。他一生清白，却遭人唾骂，就是因为他希望把青年人从老辈的顽固所造成的不幸中解救出来。我现在并不想就这个话题探讨下去，因为我会在第 6 章里谈到它。

对于无法改变其生活环境中的法律和制度的个人来说，应对由强势的道德学家制造并极力维护着的环境是很困难的一件事。尽管只要是还有让人无法企及的更舒服的乐事，人们就会觉得，如果不借助兴奋几乎无法忍受生活，但是，认识到让人兴奋的乐趣并不是快乐之道这一点还是很值得的。在这种情况下，明智的人能做的只能是约束自己，不让这种过于疲劳的乐趣损害他的健康或干扰他的工作。解决青年人烦恼的根本方法是改变世俗的道德观，同时，年轻人最好能够认识到他终究是要结婚的，并且如果他以一种让幸福婚姻变得不可能的方式生活是不明智的，而紧张的神经和无力消受有教养的乐趣是很容易导致这种结果的。

神经性疲劳最糟糕的表现之一就是它成了人与外界之间的一道屏障。他面前的影像模糊不清、悄无声息，除非被小把戏或怪癖激怒，否则他不会注意任何人，他对饮食或阳光没有兴趣，但却会全情投入个别事物，对其他的一切则置之不理。这会让人不得安宁，疲劳感也随之不断地增加，最终到了需要药物治疗的地步。从根本上说，这些都是对失去了我前面说的与自然生活的接触的惩罚，而如何才能让这种接触保存在庞大的现代城市人口中，却绝不是一件容易了解的事。不过，这里我们又再次发现，我们触及了一个重大的社会问题，但我并不想在这本书里探讨它。

第6章 论嫉妒

紧跟着忧虑的、最有可能导致不快乐的原因之一，也许就是嫉妒了。应该说嫉妒是埋藏在人们心灵深处的最普遍的情感之一。孩子在未满周岁之前就已经有了这种情感了，所以每位教育工作者都必须用最细致入微的方式关注此事。即便是最不起眼的，为了偏爱某个孩子而冷落另一个孩子的举动，也会立即被察觉并招来憎恨。任何一个有孩子的人必须注意分配的公正性、绝对性、严格性和不变性。在表示自己的嫉妒和猜忌（嫉妒的特殊形式）方面，孩子只比成人稍稍直接些，而在这种情感的普遍程度上，孩子和成人是一样的。就拿女仆来说，我记得当我们的一个已婚女仆怀孕时，我们说过不要让她搬重物，随之而来的便是其他人都不搬重物了，我们只好自己去做这类事。嫉妒也是民主制的基础，古希腊哲学家赫拉克利特曾主张应将以弗所的市民全部处死，因为他们说"我们中间不应该有第一"。希腊城邦的民主运动想必几乎都是被这种情感煽动起来的,现代民主运动也是如此。的确有一种理想主义理论,认为民主政体是最佳的政府形式,我也认为这个理论是对的。但政治实践活动并没有表明理想主义理论可以强大到足以引发重大变革。当出现重大变革时,那些为之辩护的理论往往成了激情的伪装物,而这种可以推动民主理论的激情绝对是嫉妒。读读罗兰夫人①——一位常常被当做是为人民而奋斗的贵族妇女代表——的回忆录就会发现,她之所以如此热衷民主,完全是因为一次经历,有一次,她去参观一座贵族城堡时,被带到了仆人的房间。

普通的正派女人都会有非常强烈的嫉妒心。在地铁里,当一个衣着华丽的女人走过时,看看其他女人的眼神,你就会发现,可能除了那些穿得更好的女人,每个女人都会用恶意的目光注视着这个女人,并试图找到可以贬低她的话。喜欢散布流言蜚语就是这种到处都有的恶意的一种表现。即使几乎毫无根据,任何一个攻击另一个女人的故事也会立即被认可。高尚的道德也是干这个用的。那些有机会违反道德的人会遭人嫉妒,而惩罚他们会被看做是一种美德。这种特殊

---

① 18世纪法国女革命家,倡导"不自由毋宁死"。

形式的美德当然就是美德本身的回报了。

不过，除了将其他所有女人都视为竞争对手的女人外，男人也绝对有着同样的嫉妒心。但一般说来，男人只会对同行产生这种情感。读者们有没有冒失地在一位艺术家面前夸奖另一位艺术家？有没有在一位政治家面前称赞同一政党里的另一位政治家？有没有在一位埃及考古学家面前赞赏另一位埃及考古学家？如果有，那十有八九会引起对方的猜忌。莱布尼茨[①]与惠更斯[②]在通信中都表达了对谣传中的牛顿发疯这件事的哀叹。他们写道："无与伦比的天才牛顿先生竟然失去了理智，这岂不可悲？"这两位杰出人士一封接一封，有滋有味地流着鳄鱼的眼泪。实际上，尽管谣言的确是由牛顿的几次古怪行为引起的，但他们哀叹的这件事从来就没有发生过。

普通人性中最令人遗憾的一种人性就是嫉妒。爱嫉妒的人不仅愿意制造不幸，还会在不受惩罚的情况下去这么做，他自己也会因为嫉妒而不快乐。他不会从自己拥有的东西中找寻快乐，而会从其他人拥有的东西中找寻痛苦。如果可以，

---

① 德国哲学家、数学家。
② 荷兰数学、天文学和物理学。

他会去剥夺别人的利益。在他看来，这和保住他自己的利益同样重要。如果任由这种情感肆意发展，将会严重危害到所有杰出人士，甚至还会影响到最有用的出色技能。为什么医生可以坐着车去看他的病人，而工人就得走着去上班？为什么科研人员可以待在暖和的房间里，而其他人就得饱受风寒？为什么具有世人少有的重要天赋的人就不用做家务这样的苦差事？嫉妒是回答不了这种问题的。幸好人性中还有一种叫做羡慕的补偿性情感，想增加幸福感的人一定都希望增加羡慕，减少嫉妒。

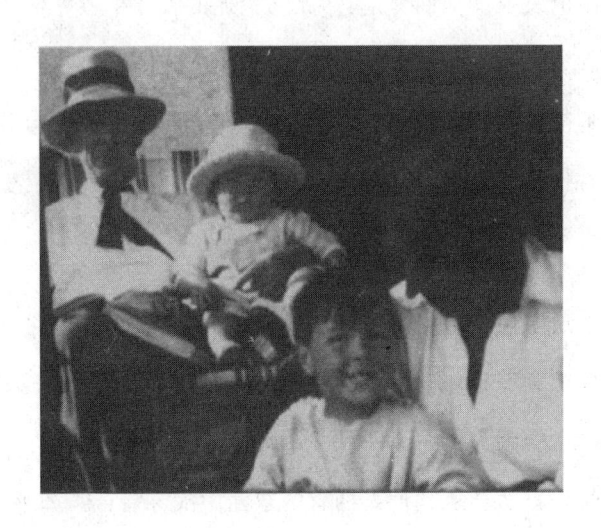

有什么可以治疗嫉妒的方法吗？圣人是可以治疗自私的，但即使是圣人也绝对不可能不嫉妒别的圣人。我怀疑，如果

圣西门·斯提莱特①知道了别的圣人可以在更窄的柱子上待更长的时间,他是否还能很高兴。撇开圣人不谈,对于普通的男男女女来说,治疗嫉妒的唯一方法就是快乐,但难的是嫉妒本身就是快乐的巨大障碍。我认为,儿时的不幸是嫉妒的巨大推手。觉得自己的哥哥姐姐更受关爱的孩子会养成嫉妒的习惯,步入社会后,他会去寻找对自己不公平的事。如果真有这种事,他能立即察觉到;如果没有,他就去想象这种事。这种人一定是不快乐的,他的朋友们也会讨厌他,因为他们无法时刻提醒自己避免成为他想象中的轻贱之人。开始他会坚信没人喜欢他,最后他会用行动将自己的这种信念变为现实。可以导致相同结果的另一种儿时的不幸是自己的父母缺乏慈爱。即使没有能得到过多宠爱的哥哥姐姐,孩子也会感到别人家的孩子可能比自己得到了更多的父母之爱。这会让他憎恨别的孩子和自己的父母,长大以后还会觉得自己是个被社会遗弃的人。某些快乐是一个人的天赋权力,若被剥夺,几乎不可避免地会让他变成乖戾、怨恨的人。

爱嫉妒的人可能会说:"告诉我治疗嫉妒的方法是快乐又

---

① 古代基督教修士,他创立了一种在很高的柱子上修行的方法。

有什么用呢？只要我继续嫉妒我就不会快乐，而你却告诉我只有找到快乐我才能不嫉妒。"可是，现实生活从来都不会这么有逻辑。仅仅认识到自己嫉妒的原因就是朝治疗嫉妒的方向迈进了一大步。爱攀比的习惯是致命的坏习惯，应该充分享受任何快乐的事，而不应停下来去想：和别人所遇到的乐事相比，自己的事也没什么可乐的。嫉妒的人会说："是啊，今天春意盎然、阳光明媚、鲜花盛开、鸟鸣声声，但我知道，西西里的春天比这儿要美一千倍，赫利孔①丛林中的鸟儿叫得更动听，沙伦②的玫瑰比我花园里的玫瑰开得更美。"因为他是这么想的，所以阳光也不明媚了，鸟儿的叫声也成了没什么意思的叽叽喳喳了，鲜花似乎也不值得一看了。对于生活中的其他乐事他也是这样，他会对自己说："是的，我的心上人很美，我爱她，她也爱我。但希巴女王③一定比她美得多！唉，我要有所罗门那样的机会该多好啊！"这种比较是愚蠢的、毫无意义的。不管让你不快的是希巴女王还是你的邻居，他们都是微不足道的。有智慧的人是不会因为别人有的

---

① 神话中文艺女神所住的山名。
② 美国宾夕法尼亚州的一个城市。
③ 传说希巴王国位于阿拉伯半岛西南，希巴女王曾去拜见所罗门王，后来嫁给了他。

东西而放下自己的快乐的。实际上,嫉妒是一种恶习,它部分是道德层面上的,部分是智力层面上的,它从不看事物本身,只看事物之间的关系。比如说,如果我的工资足够我用了,我就应该满意。而当我听说我认为绝不比我强的另一个人挣的是我的两倍时,如果我是一个爱嫉妒的人,我的满足感就会随着心情的沮丧而立即消失,开始被不公平感所折磨。治疗这一切的恰当方法就是精神自律——一种不去想无益之事的习惯。归根到底,还有比快乐更让人嫉妒的事吗?那个挣的是我两倍的人一定也会因为另一个挣的是他两倍的人而痛苦,依此类推。如果你渴望荣耀,你可能会嫉妒拿破仑,而拿破仑却在嫉妒恺撒,恺撒则在嫉妒亚历山大。我敢说,亚历山大一定嫉妒根本就不存在的海克力斯①。所以说,仅靠成功是不能远离嫉妒的,因为总能在历史或传说中找到比你成功的人。要想远离嫉妒,就应好好享受你面前的快乐,做你必须做的工作,避免与你想象中的、可能是十分错误的、比你更幸运的人做比较。

不必要的谦虚与嫉妒有相当大的关系。人们认为谦虚是一种美德,但我却很怀疑过分谦虚是否称得上是美德。谦虚

---

① 希腊神话中的大英雄。

的人非常缺乏胆量，经常不敢尝试他们很能胜任的工作。谦虚的人认为自己比不上身边的人，所以他们特别爱嫉妒，而嫉妒又让他们不快乐并产生恶念。在我看来，要想把一个男孩子培养成一个自认为很不错的人需要做很多事。我相信任何一只孔雀都不会嫉妒另一只孔雀的尾巴，因为每一只孔雀都认为自己的尾巴是世界上最美的，这也让孔雀成了温顺平和的鸟。试想一下，如果它被告知自我欣赏是不好的，那它的生活该有多不快乐啊。当它看到另一只孔雀开屏时，它会对自己说，"我一定不能幻想着我的尾巴比它美，因为那是自负的表现，但我真希望那样啊！这只可恶的鸟也太自以为是了！我是不是该把它的羽毛拔掉一些，也许这样我就再也用不着害怕和它比美了。"它还可能给它设个套儿，以此证明它不是一只好孔雀，应该对自己不端的行为感到内疚，它还会去头领那儿告发它。渐渐地，它就会为自己树立起尾巴特别美的孔雀都是不好的孔雀这样的原则，这样一来，孔雀王国里明智的统治者就会去挑选尾巴只有几根邋遢羽毛的谦恭孔雀，认定这种原则的统治者会杀死所有美丽的孔雀，最后，绚丽夺目的尾巴将只存在于模糊地记忆中。这就是冒充道德的嫉妒的胜利。而在每一只孔雀都认为自己的尾巴比其他孔雀更绚丽的地方就无须采用任何压制手段。每只孔雀都想在开屏大赛上获得一等奖,并且会自认为已经得了大奖了,因为它们很重视自己的配偶。

嫉妒当然和竞争密切相关。我们是不会去嫉妒自己无法企及的好运气的。在社会阶层固定的年代里,底层阶级是不会嫉妒上流社会的,只要大家都认为贫富之分是由上帝安排的。尽管乞丐也会嫉妒讨得更多的其他乞丐,但他们不会嫉妒富翁。现代社会不稳定的社会环境以及民主主义和社会主义所提倡的平等学说极大地拓展了嫉妒的范围。对现在来说,这是邪恶的,但为了有一个更加公平的社会制度就必须忍受这种邪恶。只要理性地思考过不平等问题就会发现,除非这种不平等建立在一些卓著的功绩上,否则它们就是不公平的。而一旦认为是不公平的,除非将其铲除,否则必然导致嫉妒。所以说,这个时代就是一个嫉妒起着奇特作用的时代,穷人嫉妒富人,穷国嫉妒富国,女人嫉妒男人,淑女嫉妒并未因不贤淑而受到惩罚的女人。嫉妒的确是促使不同阶级、不同国家、不同性别之间趋于公平的主要动力,同时,期望通过嫉妒来获得的那种公平自然也会是最糟糕的一种公平。可以说,它是在消减幸运者的快乐,而不是在增加不幸者的快乐。可以破坏个人生活的情感同样也可以破坏公共生活,别指望像嫉妒这么坏的事会产生什么好结果。因此,那些出于理想主义、渴望我们的社会制度能够发生深刻变革、社会公平性能够被显著提高的人，一定要将希望寄托在嫉妒以外的其他力量上。

所有的坏事都是相互关联的，其中任何一件都可以成为引发另一件事的原因，尤其是疲劳，经常成为引发嫉妒的原因。当一个人感到对分内之事有些力不从心时，就会对什么都不满意，并极有可能嫉妒工作不太艰巨的人。所以，减少嫉妒的方法之一就是减少疲劳，但最重要的显然是过一种能够满足自己天性的生活。很多似乎纯粹是职业方面的嫉妒其实都源于性。对自己的婚姻和孩子都很满意的男人，不太可能因为其他男人更富有或更成功而非常嫉妒他们，只要他挣够了可以按照自认为对的方式培养孩子的钱。人类幸福的本质是很简单的，简单到头脑复杂的人都说不出自己究竟缺什么。有一点是可以肯定的，我们前面谈到的用嫉妒的目光看所有衣着华丽女人的女人们是很不满意自己的天性生活的。英语国家中的人，特别是其中的女人，很少有这种快乐。从这一点来说，文明似乎步入了歧途。如果想减少嫉妒，就意味着必须要找到解决方法，而如果找不到这样的方法，我们的文明就面临着毁于肆意憎恨的危险。过去，人们只会嫉妒自己的邻居，因为对其他人知之甚少。现在，依靠、借助教育和出版物，他们用一种抽象的方式知道了人类各阶层的很多事情，但却并不了解具体的每一个人。借助电影，他们自认为知道了富人是怎么生活的；借助报纸，自认为知道了其他国家的不好；借助宣传，自认为知道了肤色不同于自己的所有人所做的坏事。黄种人恨白种人，白种人恨黑种人，以此类推。你可能会说，这些憎恨都是宣传煽动起来的，这种解释稍显肤浅。为什么总能更成功地掀起憎恨，而不能更成功地激发友爱呢？原因很清楚，现代文明所造就的人心更爱憎恨，而不是更爱友爱。人心之所以爱憎恨，是因为它不满意，是因为它深深地甚至可能是无意识地感到不知怎么搞的就失去了人生的意义了，而其他人，但不是我们自己，却可能留住了自然为了让人快乐而赋予的美好事物。现代生活中的快乐总和无疑会多过较为原始的社会生活中的快乐总和，但人们对可能还有什么快乐意识增加得更多。只要你带着孩子去动物园，你就可能会注意到猩猩的眼神。在它们不做体操表演或吃坚果时就会流露出奇怪的、局促不安的悲哀。人们大可以想象到，那是因为它们觉得它们应该变成人但就是不知道该如何变。它们在进化之路上迷了路，它们的堂兄妹们一直往前走，却把它们落下了。同样的局促不安和恼怒似乎也进入了文明人的灵魂。他知道自己手边就有胜过自己的美好事物，但就是不知道去哪儿找或怎么找。绝望之余，他会迁怒于同样迷茫、同样不快的同胞。我们已经到达了进化过程中的一个阶段，可这并不是最后阶段。我们必须迅速地通过它，因为如果不这样，我们当中的大多数人就会中途而亡，另一些人则会迷失于怀疑和恐惧的丛林中。尽管嫉妒是邪恶的，后果是可怕的，但却并不完完全全地是个魔鬼。它部分也是英雄式痛苦的一种表现，这是在黑夜里跋涉的人的痛苦，他们什么也看不见，可能会走向更好的归宿，也可能只是走向死亡和毁灭。希望从绝望中找到正确道路的文明人一定要像拓展自己的思维那样旷达自己的心胸，一定要学会超越自我，从而获得宇宙般无限的自由心灵。

第7章 论犯罪感

在第1章里我已经提到了犯罪感,现在我们必须更加全面地探讨它,因为它是导致成年人生活不快乐最重要的潜在心理原因之一。

现代心理学家是不会接受传统的宗教式的犯罪心理学的。这种心理学,特别是基督教新教,认为只要一个人跃跃欲试的那件事是罪恶的,这个人就会良心发现,而做完这件事后,他可能会有两种痛苦:一种是悔恨,但无济于事;另一种是忏悔,这可以消除他的犯罪感。在新教国家中,就连很多不再信教的人,也会在一段时间里或多或少地依然接受正统的罪恶观。我们这个时代的情况却截然相反,这部分是心理分析导致的。不仅反正统的人会抵制旧式的罪恶观,很多认为自己还很正统的人也会这样。良心不再是那些因为它神秘才被当成上帝的声音的神秘东西了。我们知道,在不同的地方,良心所禁止的行为也是不同的。而广义地讲，它是和部落的风俗一致的。当一个人受到良心的谴责时究竟会发生什么事呢？

事实上，"良心"这个词包含了几种不同的感觉，最简单的一种就是害怕被人发现。我相信各位读者一定过着无可指责的生活，但如果你去问一个曾经做过一旦被人发现就会受到惩罚的事的人，就会发现他会在事情败露时后悔自己的罪过。我所说的并不包括认为坐牢是做生意必冒之险的职业小偷，我指的是可以称为体面的违法者的那些人，如在紧要关头挪用公款的银行经理，为情欲所惑而有了不正当性行为的神职人员。这些人可以在几乎无法发现其行为的情况下忘记自己的罪过，而在被发现或面临被发现的巨大风险时，他们就会想自己应该是个更高洁的人，这种希望会让他们强烈地感受到自己的罪大恶极。与这种感觉密切相关的是害怕被群体驱逐出去的感觉。一个人一旦被发现在玩牌时做了手脚或还不上赌债了，就再也找不到什么可以抵御群体反对自己的理由了。他不像宗教改革者、无政府主义者和革命者，这些人都认为，无论现在的命运如何，未来一定是属于他们的，并且他们会得到和现在的诅咒一样多的赞誉。尽管受到群体的敌视，但他们并不觉得自己有罪。而完全认同群体的道德观却违反了它的人，一旦失去了社会地位就会极不快乐，对这种灾难的恐惧或灾难发生后带给他的痛苦很容易让他觉得自己的行为有罪。

最重要的是，犯罪感是某种很深层的东西。它植根于无意识中，不会像因他人的反对而产生的恐惧那样出现在意识中。在我们的意识里，某些行为就是罪恶的，用不着用什么看得见的理由去反思。一旦做了这种事，人会莫名其妙地不自在，会希望自己是那种能够从自认为是罪过的那种事情中逃出来的人。他只会对他认为是心地纯洁的人表示道德上的钦佩，会多少有些悔恨地认识到自己成不了圣人。的确，成圣的念头可能是日常生活中最不可能实现的一个念头。这样，他就会带着犯罪感过日子，觉得最好的东西都不是给他准备的，最高洁的时刻就是泪流满面地忏悔自己的时候。

实际上，这都是由孩子在六岁前受到母亲或保姆的道德教育造成的。那时他就知道，骂人是不好的，只能使用最文雅的语言，只有坏人才喝酒，烟草与高洁不符。他还知道永远不要说谎，而最重要的是，对性所发生的任何兴趣都是可憎的。他知道，这些都是他母亲的看法，并相信这也是上帝的看法。他认为，被母亲精心呵护或如果因她不上心而被保姆精心照料是他生活中最快乐的事，并且只有在没人知道他做了违反道德准则的恶事的情况下才能得到这些。于是，他会把隐约可怕的事与他母亲或保姆反对的任何行为联系起来。随着他的渐渐长大，他会忘记自己的道德准则从何而来，并会忘记最初违背它是受到了什么样的惩罚。但他是不会丢弃道德准则的，也不会在触犯它时就不再感到会发生一些可怕的事。

婴幼儿时期的道德教育中，很大一部分都是没有合理依据的，不适用普通人的日常行为。例如，从理性的角度讲，一个说所谓"粗话"的人并不比不讲粗话的人坏多少。尽管如此，事实却是，每一个人都觉得，圣人都会认为不骂人是最起码的要求。如果从理性的角度来看，这完全是愚蠢。这一点也适用于喝酒和抽烟。南方各国就不这么看待喝酒,而这么看待喝酒还有亵渎神明的成分,因为大家都知道,我们的主和使徒们就喝葡萄酒。抽烟就很容易遭人反对,因为伟大的圣人都生活在不知道烟草的年代,而这也是没有合理论据的,因为圣人不抽烟的观点建立在近代对圣人不会只因为某件事让他开心就去做这一观点的分析基础上。普通道德观中的这种禁欲成分几乎变成了一种无意识的东西,但它却在以各种方式发挥着作用,使我们的道德准则变得不理性。理性的伦理观会赞赏让人人快乐的观点,也包括自己,只要没有给自己或他人带来可以抵消快乐的痛苦。如果我们摆脱了禁欲主义,一个理想的有德之人,就会是一个只要恶果没有多过快乐,就会允许自己或他人去享受所有美好事物的人。再说说撒谎。我承认世界上有太多的谎话,我们都应该为增加真实而做得更好些。但我坚决否认撒谎在任何情况下都不足取,我认为所有理智的人一定也这么想。有一次,我在乡间路上看见一只精疲力竭但还在拼命向前跑的狐狸。几分钟后我看见了猎队,他们问我有没有看见那只狐狸,我说看见了,他们问我它朝哪个方向跑了,我就撒了个谎。我觉得,如果我说实话我就不是一个好人。

最重要的是,有关性的早期道德教育一定是有害的。如果孩子接受的是有些严厉的父母或保姆的传统教育,那么在他六岁之前就会将罪恶与性器官联系在一起,以至于终其一生都不可能完全摆脱这种联想。这种感觉自然也受到了俄狄浦斯情结①的强化,因为他与他儿时最爱的女人之间是不可能有任何性自由的。结果就是成年男人认为女人会因性而堕落,他们只尊敬憎恨性交的妻子,而妻子性冷淡的男人会因本能而到别的地方寻求本能的满足。但即使是暂时得到了这种满足,他也会因犯罪感而内疚,所以他无法在与任何女人的关系中感受到快乐,无论是婚姻中的还是婚姻外的。对女人来说,如果她总是被教育说要做一个"纯洁"的人,也会发生同样的事。她会在与丈夫做爱时本能地退缩,生怕自己从中得到了快感。但在这个时代,发生在女人身上的这种事比 50 年前少了很多。应该说,如今,受过教育的男人的性生活比受过教育的女人的性生活更受犯罪感的扭曲与毒害。

尽管还不具有公共权威性,但人们已经普遍开始意识到,对儿童所进行的传统的性教育是有害的。正确的方法很简单:只要孩子还没到青春期的年龄,就不要教他任何的性道德,还要小心地避免向他们灌输某些天生的人体功能是令人厌恶

---

① 恋母情结。

的这种观念。当到了需要给他们道德上的指点时，要确定你所说的是理性的，是持之有据的。我并不想在这本书里谈教育问题，我只想谈谈成年人如何才能最大限度地减轻不明智教育导致的非理智犯罪感所产生的恶果。

这里的问题和我们在前几章碰到的问题一样，即如何强迫无意识注意到支配我们有意识的思维理性的信念。人一定不能被情绪所左右，一会儿相信这个，一会儿相信那个。犯罪感会在有意识的意志因疲劳、疾病、喝酒或其他原因而减弱时变得特别强烈。人可以将自己在这些时刻（喝酒时除外）所感受到的东西想象成是他更高自我的一种启示。"魔鬼生病时就会变为圣人。"但认为脆弱的时刻比坚强的时刻更能让人深刻就很可笑了。人在脆弱时很难抗拒幼稚的建议，可不管怎么说，没有理由认为这种建议比成年人在机能十分健全时的信念要好。相反的是，一个人在精力充沛时用全部的理智深思熟虑出来的信念，应该成为他在任何时刻最好都坚信的准则。通过正确的方法战胜无意识的幼稚暗示，甚至是改变无意识的内容，是非常可能的。当你开始因某个举动而懊悔但理智告诉你并没有做错时，审视一下让你懊悔的原因，一点一点地说服自己承认他们是荒唐的，让你有意识的信念变得清晰、有力，使它们在你的无意识中留下足以抗衡母亲或保姆在你年幼时给你的印象的强烈印象。不要喜欢游走于理性和不理性之间，仔细地审视不理性，绝不敬畏它，绝不被它左右，当它将愚蠢的想法或感觉植入你的意识中时，要将它们连根拔起，审视它并丢掉它。不能让自己成为一半是理性的、一半是幼稚愚蠢的摇摆不定的生物，不要害怕冒犯控制过你童年的那些东西。对你来说，那个时候它们是强大的、智慧的，因为你是弱小的、愚蠢的；而现在的你既不弱小也不愚蠢，你要做的是审视它们外表的强大与智慧，考虑它们是否应该得到你迫于习惯而仍在给予它们的那种尊重，严肃地问问自己对青年人所进行的传统道德教育是否会让世界变得更好。考虑一下通常所说的有德之人的构造中融入了多少完全是迷信的东西。反思一下，所有想象中的道德风险都遭到了让人不可思议的愚蠢禁令的防范，而一般人所面临的真正的道德风险却几乎无人提及。普通人会去做的事中哪些才是真正有害的？没有受到法律制裁的狡猾的商业行为，对员工严厉，对妻子和孩子残忍，对竞争对手恶毒，在政治冲突中残暴，这些才是在体面的受尊敬的公民中很普遍的真正有害的罪恶。通过这些罪恶，他把痛苦传给了周围的人，也为摧毁文明尽了他的绵薄之力。但这些并不能让他在生病时觉得自己是一个无权要求神佑的弃儿，也不能让他梦到母亲在用责备的目光看着他。为什么他潜意识中的道德观念会这么背离理性呢？因为幼年时照管他的人所信仰的伦理是愚蠢的，之所以说它愚蠢，因为它不是从出于对个人和社会的责任而做的任何研究中得来的，因为它是由非理性的禁忌这些破烂组成的，还因为它本身就包含从让濒临崩溃的罗马帝国麻烦不断的精神疾病中演变出来的病态成分。我们的名义上的道德观都是牧师和受精神奴役的妇女构想出来的，现在到了让必须正常地参与正常生活的人学会如何反抗这种病态的无稽之谈的时候了。

如果想让这种反抗成功地带来个人幸福，并使自己能够一直按照一个原则生活，而不是在两个原则之间摇摆不定，就应该深刻地思考和感受理智告诉他的一切。大部分人在表面上抛弃了儿时所迷信的东西时，就会认为自己已经大功告成了，他们认识不到这些迷信仍潜伏在下面。一旦有了理性的信念，就应该总想着它，一直坚持它，看看自己心里还存留着哪些和这种新信念不相符的信念。当犯罪感强烈时，正如它时常所表现的那样，不要把它看成是一种启示和一种向上的召唤，应把它看成是一种疾病和弱点。当然了，除非它是由理性的伦理观所谴责的一些行为引起的。我并不是建议人应该没有道德，我只是建议人应该没有迷信的道德观，这两者截然不同。

但即使一个人违背了自己理性的原则，我也不认为有犯罪感就是能让他活得更好的最好办法。犯罪感中有某种卑劣的、缺乏自尊的东西，而自尊心受损是不会给人带来什么好处的。理性的人对待自己和别人不尽如人意之举的态度是一样的，他会把这些举动看成是某种情形下的产物，会通过充分认识到它们的不尽如人意来避免出现这些举动，有可能的话，还会通过避开可以引发这些举动的环境来规避它们。

实际上，犯罪感远非美好生活的起因，而是刚好相反，它会让人不快乐，让人自惭形秽。他可能会因为自己的不快乐而向别人提出过分的要求，这样一来又妨碍了他享受私人交往中的那种快乐。自惭形秽会让他对似乎优越的人心生怨恨，会觉得羡慕一个人很难，但嫉妒一个人却很容易。他会变成一个不好相处的人，自己也会觉得越来越孤独。心胸开阔、宽宏大量的态度不仅能让别人快乐，也是让自己快乐的巨大源泉，因为这可以让你成为广受爱戴的人。被犯罪感困扰的人几乎不可能有这种态度。这种态度是心理平衡和自力更生的产物，需要的是一种可以被称作是心理整合的东西。通过这种心理整合，人性中的各个层面——意识的——潜意识的和无意识的，可以和谐相处，而不是无休止地争斗。在大多数情况下，可以通过明智的教育造就这种和谐，而对于不明智的教育来说就要困难得多了。心理分析学家也在进行这方面的尝试，我倒认为在绝大多数情况下，患者自己就可以做这项工作，只有在极个别情况下才需要专家的帮助。不要说，"我可没工夫做这种心理劳动，我忙得不可开交，不得不让我的无意识自己看着办了"。没什么比人格分裂更能减少快乐和效率的了。花在让人格中的不同部分和谐起来的时间是有益的时间。我不建议应该单找一个时间，比如一天一个小时，进行自我反省。在我看来这绝不是最好的方法，因为这会让人更加自我，而这本身就是需要治疗的疾病，因为和谐的人格是向外发展的。我的建议是，应该按照自己理性的信念做，任何时候都不能让反方向的、不理性的信念毫无限制地闪现出来或控制自己，不管这段时间多么短暂。这是一个在他就要变得幼稚时能否扪心自问的问题。而如果做得十分充分，这个自我反省的时间可能会非常短，因而应该可以忽略不计。

很多人都不喜欢理性。在这种情况下，我一直在说的这些事似乎都是不相关和不重要的。有一种观点认为，如果任由理性自由地发展，它一定会扼杀较为深层的理性。在我看来，这种观点是由关于理性在人类生活中的作用完全错误的概念造成的。激发情感并不是理性该干的事，尽管理性的一部分作用就是找出可以阻止会危害福祉的情感的方法。找到可以将憎恨和嫉妒减到最少的方法无疑是理性的心理学的部分功能。但是，以为在最大限度地减少这些情感的同时，会弱化理性并不排斥的那些情感的力量，那就是错误的了。理性是不希望减少任何炙热的情爱的，如父母的慈爱、朋友间的友爱、善意的仁爱以及对科学和艺术的挚爱。有理性的人在感到了全部或部分的这些感情时，会为自己能感受到它们而感到高兴，并会不加以任何节制。因为这些情感都是美好生活的一部分，而美好的生活正好可以让自己和他人幸福地生活。这些情感没有任何非理性成分。可很多不理性的人只能感受到最微不足道的情感。用不着担心自己变理性后生活将会枯燥无味，相反，理性的人比永远受制于内心冲突的人更能自由地审视世界，更能自由地借助自己的力量来实现外部目标，因为理性存在于内心的和谐之中。最无聊的莫过于自我封闭了，最令人愉快的莫过于将自己的注意力和精力转向外部世界了。

传统的道德观太以自我为中心了，而罪恶的观念就是这种关注自我的不明智之举的一部分。对于从未越过由这种不完美道德观诱发出来的主观心境的人来说，并不一定要有理性。而对于曾经得过这种病的人来说，要想有效地治愈它，就必须运用理性。可能得这种病也是心智成长的必经阶段。我想，在理性的帮助下越过了这个阶段的人，是可以比从未有过患病或治疗经历的人达到更高层次的。我们这个时代对理性的普遍憎恨，在很大程度上是因为没能用最根本的方式来说明理性的作用。自我分裂的人会去找刺激和能让自己分心的事，他喜欢强烈的感情，但这并没有什么充分的理由，只是因为那一刻他可以离开自我，避开思维所带来的痛苦。对他来说，任何情感都是一种麻醉。又因为他想象不出基本的幸福是什么，所以对他来说只能通过麻醉自己来解除所有痛苦，而这正是顽疾的症状。只要没有这种顽疾，最大的幸福就会随最健全的官能而来。只有在头脑最活跃、忘不了什么事的时候才能体会到极乐的滋味。这的确是检验幸福的最好标准之一。借助任何形式的麻醉而得到的幸福是假的、无法让人满意的幸福。真正让人满意的幸福，都是伴着充分运用了我们的官能、充分认识了我们生活的这个世界而来的。

第8章 论被虐狂

人们认为较为极端的被虐狂是一种精神错乱。有些人总在想象别人想杀他，送他去坐牢，或给他带来其他严重危害。想让自己免受想象中的施虐者的迫害这一想法常常会引发他们的暴力行为，而这又让人必须限制他们的自由。和很多其他形式的精神错乱一样，这也是在夸大一种倾向，而这种倾向在正常人中却并不少见。我并不打算去探讨它的极端形式，那是精神病学家的事。我想考虑的是一些较轻微的形式，因为它们是引发不快乐的极为常见的因素，而且它们还没有坏到可以让人真的精神错乱的地步，还能靠病人自己的力量来解决，只要他能正确诊断自己的问题，并且能认识到病根儿就在自己身上，而不是在想象中的别人的敌意和不友善中。

我们都很熟悉这类的男人或女人，照他们所说，他们永远都是忘恩负义、刻薄无情和背信弃义的牺牲品。这种人往往特别会花言巧语，并能从相识不久的人那里得到真切的同情。一般说来，他们说的每桩独立的事都是可信的，因为他们所抱怨的那种恶意的对待的确会有。最终引起听者怀疑的，是这位受害者怎么会遇到这么多坏人。根据概率论，生活在同一社会中的不同人在其生活中遇到的恶意对待的数量很可能是相同的。如果一个人在某个环境中像他说的那样受到的都是恶意对待，原因很可能出在他自己身上，因为他不是在想象实际上从未遭受过的伤害，就是无意间做了让别人恼羞成怒的事。所以，有经验的人对那些说自己总是受到世人虐待的人是持怀疑态度的。而由于人们缺乏同情心，这些不幸的人就更认为每个人都在反对他们了。这的确是个很难解决的问题，因为有同情心和缺乏同情心都能加重这个问题。有被虐狂倾向的人一旦发现人们会相信某个很倒霉的故事，就会将其渲染到千真万确。而一旦发现人们不再相信这个故事了，他便只会认为这是又一个人们对他冷酷无情的例证。要想治好这种病只能通过理解，要想达到目的，一定要将这种理解传达给患者。我写这章的目的，就是提出一些有关一般的反思方法的建议，希望通过运用这些方法，每个人都能察觉到自己身上的被虐狂因素（几乎每个人都会多多少少地被其困扰），并能在察觉到它们之后将它们消灭掉。这是获得幸福的一个重要方面，因为如果我们觉得每个人都在虐待我们，是绝不可能有幸福感的。

最常见的非理性形式之一，就是所有人几乎都会采取的对待恶意的流言蜚语的态度。很少有人不说熟人的闲话，有时连他们的朋友也难以幸免，而当听到任何说他们自己不好的话时，却会惊愕和气愤。对他们来说，似乎从来就没有别人议论自己和自己议论别人是一样的这回事。这种态度还算温和，而如果加重，就会发展为被虐狂。我们对自己会有温柔的爱和深深的敬意，我们希望别人也这样对待我们。可我们没有想过，我们不能指望别人把我们想得比我们眼中的他们还要好。之所以想不到这一点，是因为我们认为自己的优点很了不起，是明摆着的，而别人的优点，如果真有的话，则只能出现在极为仁慈的人的眼中。当你听说某某人说了一些让你讨厌的话时，你只记得你已经 99 次忍着不对他进行最公正、最恰当的批评了，却忘记了这第 100 次，在这毫无防备的一刻，你说出了自认为是揭露他真相的话。你觉得这就是对你一直以来所有宽容的回报吗？而从他的角度讲，你的行为和他的行为是一样的，他根本不知道你有多少次没有说他的坏话，他只记得你说了他坏话的这第 100 次。如果我们都有看透他人心思的魔力，我想首当其冲的后果就是所有的友谊几乎都会解体，而第二个后果可能就不太好了，因为一个朋友都没有的世界是一个让人无法忍受的世界。我们应该学会彼此相悦，用不着掩饰我们并不认为彼此完美无缺的想法。我们知道我们的朋友也有缺点，但总的来说，他们还是我们喜欢的那种让人愉快的人。而当我们发现他们也是这么看待我们的也就不能忍受了，因为我们希望他们觉得我们和其他人不一样，我们是没有缺点的。当我们不得不承认自己有缺点时，会把这个显而易见的事实看得出奇地严重。谁都不应该希望自己完美无缺，也不应该为他并不完美这一事实而过分烦恼。

被虐狂的根源始终在于过分夸大了自己的价值。我们会说，我是个剧作家，公正的人一定都会认为我是这个时代最杰出的剧作家。可由于某些原因，我写的剧目却很少上演，即使上演了也不成功。该如何解释这种奇怪的现象呢？很显然，剧院经理、演员和评论家出于这个或那个原因合起伙儿来跟我作对。这个理由对我来说当然是太

可信了，因为我拒绝向戏剧界的大人物卑躬屈膝，我没有对评论家阿谀奉承，我的剧本里包含着被抨击人不能容忍的令人不快的真理，所以我卓著的功绩才会长期无人认可。

再有就是任何人都无法检验其发明价值的发明家。生产者们墨守成规，不会去考虑任何发明创造。少数进步的生产者有自己的发明家，又总能成功地避开未被公认的天才的侵扰。而非常奇怪的则是学术方面的学会，不是把人家的手稿弄丢了，就是把它们原封不动地退回去，某个人的请求也总是得不到答复。该如何解释这种情形呢？显然，只希望创新成果在他们之间分配的人组成了一个紧密的团体，不属于这个紧密团体的人是不会被理睬的。

还有一种人，他们真的是因为客观现实才悲哀的，但却是因为自己的个人经历才得出他的不幸就是宇宙的关键之所在这一结论的。比如说，他发现了秘密警察的一些丑闻，而保守这些秘密是有利于政府的。几乎没有一家宣传机构愿意披露他的这一发现，看上去最高尚的人也拒绝为纠正这一让他义愤填膺的坏事而出力。到目前为止，事实的确和他说的一样，可对他的断然拒绝却让他认为，所有有权势的人都在全力以赴地掩盖让他们得到了权势的罪行。这种想法特别顽固，因为在他们的观察中，的确有一部分是真实的。他们亲身体验到的事情自然会比大量的、他们没有切身体会的事留给他们更深的印象。这让他们对比例产生了错觉，从而会过于看重也许就是个例外而不是什么典型的事。

另一个并非少有的被虐狂牺牲品就是某类慈善家。他们总是违背着人家的意愿而去为人家做好事，当人家不领情时便感到惊恐。我们做好事的动机很少像我们想象的那样纯洁。爱权势的心理是很隐匿的，它有很多的伪装。我们对别人行善时所感到的快乐往往是从这种爱权势的心理而来的。行善时还常常会掺入另一种成分。为别人"做好事"通常意味着剥夺别人喝酒、赌博、懒散等乐趣。这样一来就有了掺有很多社会道德观的一种成分，即对一种人的嫉妒，这种人能去犯错误，而我们却为了留住朋友的尊重而必须不犯这类错误。比如，那些支持出台禁烟令的人（美国的几个州曾有过或仍有这样的法令）显然是不抽烟的人。烟草给别人带来的乐趣对他们来说就是痛苦的根源。如果他们希望过去的烟鬼们派代表来感谢他们帮助自己戒除了吸烟的恶习，他们很可能会失望。于是他们可能会这么想，他们把全部的生命都奉献给了公众利益，而最应该对他们的善举表示感谢的人却似乎最无感激之意。

有人发现，一些女主人也用同样的态度对待品行操守是由她们来管束的女仆。在这个年代，仆人的问题已经成了十分尖锐的问题，所以对女仆的这种形式的善意已经很少见了。

在较高的政治界也有这类事。不断将所有权力集中到自己手上以便实现高尚目标、让自己远离舒适而进入公众生活竞技场的政治家，会在人们反对他们时对人们的忘恩负义感到震惊。他们从未想过除了为公众服务自己还能有什么别的动机，也没想过掌控大局的乐趣可以在某种程度上激励他们去做事。他们渐渐地将在大会上和党刊上惯用的套话看成是对真理的表述，会错误地将常有党派偏见的言辞看成是对动机的真正分析。他厌烦了，幻想破灭了。在社会离开了他之后他也从社会隐退了下来，后悔自己曾经做了像为公众谋利益那样吃力不讨好的事。

我们可以从这些事例中总结出四条行动准则。如果能够充分认识到其中所包含的真理，就能凭借它们来预防被虐狂。第一，要记住，你的动机并不总像你想的那样无私；第二，不要过高估计你的价值；第三，不要指望别人也像你一样那么看重你；第四，不要幻想着大多数人总是在想着怎么害你。我将对这四条准则进行逐一说明。

慈善家和行政官员尤其需要怀疑自己的动机。这些人对整个或部分世界应该怎样有着自己的梦想，他们时对时错地认为，在实现其梦想的过程中，自己会让人类或其中的一部分得到恩惠。可他们并没有充分认识到，受其影响的每一个人也有说出他希望世界是什么样子的同等权利。属于行政官员的那类人坚信自己的梦想是正确的，与之相反的都是错误的。但这种主观肯定并不能证明他在客观上是对的，而且他的这种信念通常都是对一种快慰的掩饰，这种快慰产生于他对如何能让世界因他而变的冥思苦想中。除了爱权势之外还有一种动机，就是爱虚荣。在这种情况下，虚荣心的作用是很大的。根据我个人的经验，那些拥护议会的高尚的理想主义者会为选民对他们的讥讽而惊讶。选民们认为他只是想得到名字后面"国会议员"几个字的荣耀。而在竞选结束后有时间思考的时候，他可能会觉得冷嘲热讽的选民是对的。理想主义给简单的动机披上了古怪的伪装，而对我们的公众人物所进行的猛烈的冷嘲热讽是不会有错的。传统的道德观中包含着一些人的天性几乎做不到的利他主义，为自己的美德而自豪的人经常会以为自己已经实现了这个不可能实现的理想。可连最高尚的人的绝大部分行为也是有个人动机的，但这没什么可遗憾的，因为如果不是这样，人类就不能生存下去。看着别人吃饭而忘了让自己吃饭的人是会被饿死的。当然了,他可能仅仅是为了让自己具备再次投入到反对邪恶的战斗中所必备的能量才补充些营养的。但出于这个动机而吃下去的食物是否能被充分消化是值得怀疑的,因为他分泌不出足够多的唾液。因此,一个人最好是因为自己喜欢吃而吃,而不该仅仅是因为渴望为公众谋利益才花时间吃饭。

适用于吃的道理也适用于其他任何方面。不管做什么,只有在有兴致的情况下才能把事情做好,没有利己的动机是很难有兴致的。从这个角度来说,我应该把从生物学的角度来看与人有关的一些东西也列入利己动机,如在敌人面前保护妻儿的冲动。这种程度的利他主义是人类正常天性的一部分,而传统伦理所宣扬的那种程度就不是,很少有人能够真正达到。于是,希望人们高度评价自己高洁德行的人不得不自我告慰说,自己已经达到了实际上极有可能还没达到的无私程度。从此,追求圣洁的努力就很容易与导致被虐狂的一种自欺联系在了一起。

我们说的已经包括了第二条准则——高估自己是不明智的里面有关道德的内容了。而同样不应该被高估的还有德行之外的优点。剧目从未成功上演过的剧作家应该平静地想想,或许自己写的剧本就是很差,不应该立即就说这种假设明显站不住脚。如果发现事实果真如此,就应该像运用归纳法的哲学家一样接受它。历史上的确有怀才不遇的事,可与鱼目混珠的事相比就要少得多了。如果一个人是一个没有被时代认可的天才,那么在这种情况下仍然坚持走自己的路是非常正确的。另一方面,如果他没什么天赋却靠着虚荣心趾高气扬,那么他还是不坚持的好。如果一个人正在被创作不知名杰作的冲动折磨着,就没办法知道他属于这两种人中的哪一种了。如果你是前一种人,你的执著就是悲壮的;如果你是后一种人,你的执著就是可笑的。你死了一百年后,就有可能猜出你是哪种人了。还可以做一个测试,尽管不可能绝对可靠,但还是有相当大的价值的,当你觉得自己是个天才而你的朋友们却并不觉得时可以自测一下。这个测试就是:你是因为急不可待地要将一些想法和感觉表达出来才去创作的,还是因为渴望被赞美才去创作的?对于真正的艺术家来说,尽管也总是非常渴望被赞美,但这是次要的。艺术家的确愿意创作出某种作品,并希望该作品被人赞美,但即便没有得到赞美,他也不会改变自己的风格。另一方面,主要动机就是得到赞美的人自身没有迫使自己非要做某种特别表达的力量。所以对他们来说,做其他完全不同的工作也行。如果他们的艺术作品得不到赞美，最好就此放弃。说得更广泛一点，无论你从事何种工作，如果你发现别人对你能力的评价并不像你对自己的评价一样高，不要过于确信是他们搞错了。如果你对此很较真儿，就很容易认为这是一个不想让人认可你成绩的阴谋，这种想法绝对会让人生活得不快乐。认识到你的成绩并没有你期望的那么大可能会带来暂时的痛苦，但这种痛苦是会结束的，之后就可能是快乐的生活了。

第三个准则就是不要对别人有过多的期望。过去，有病的母亲通常都希望至少一个女儿可以为了担当保姆这一角色而完全牺牲自己，甚至不嫁人。这是在期望另一种违背理性的利他主义精神，因为利他主义者的损失要大于利己主义者的收获。在与其他所有人——特别是和你最亲近的人——相处时，很重要且总是不容易记住的一点是，他们是从他们的角度、他们自己的立场看待生活的，而不是从你的角度、你自己的立场看待生活的。任何人都不应该为了另一个人的缘故而改变自己生活的主要方向。有时也会出现即使做出了最大牺牲也并不觉得什么这种强烈的情感，但如果这种情感并不自然，也不应该让它变得自然，而且任何一个没这么做的人都不应该为此受到谴责。人们对别人行为的抱怨，往往都是因自己自私的天性而对另一个人超出合理界限的贪得无厌所做的健全反应。

第四个准则中包含了一点，要认识到，别人琢磨你的时间要少于你自己琢磨自己的时间。荒唐的被虐狂总想着，各种各样的人都在不分白天黑夜地想着法儿对付可怜的精神错乱者，而实际上他们的兴趣爱好是各不相同的。相对清醒的被虐狂也会认为各种各样的行为都是针对他的，而实际上并没有这种事。当然了，这种想法可以满足他们的虚荣心。如果他是一个相当伟大的人，也许真是这样，英国政府多年以来所做的工作就主要与挫败拿破仑有关。而当一个不怎么重要的人想象着别人总在琢磨他时就会精神错乱。比如在某个公开的晚宴上你发了个言，别的发言者的照片被刊登了出来可就是没刊登你的。对此你该如何解释呢？显然，并不是因为别的发言者更重要，一定是因为报社编辑有意不让你露面。他们为什么要这么做呢？显然是因为你的重要性让他们害怕。在这种思维方式下，遗漏你照片一事从对你的蔑视变成了对你的些许恭维。可这种自欺不能带来任何真实可靠的快乐，你心里明白，事实完全相反。而为了尽可能地自我蒙蔽，你会迫使自己做出越来越离奇的假设。最终，努力让自己相信这一切的压力会变得非常大。而由于这种压力中也有你坚信大家都在敌视你的成分，所以，通过让你更痛苦地感到你与世人格格不入，这种力量仅能让你留住自尊。建立在自欺基础上的满足都是不真实、不可靠的。无论事实多么令人不快，最好是去面对它，习惯它，并根据它来构筑你的生活。

第9章　论舆论恐惧症

除非自己的生活方式和世界观基本上得到了与自己有社会关系——特别是和自己生活在一起的人——的认同，否则很少有人会感到快乐。现代社会有一个特点，在这样的社会里，人们被分成了不同的群体，群体之间有着各自截然不同的道德观和信仰。这种情形始于宗教改革，或者应该说是始于文艺复兴，从那儿以后便越发明显了。新教徒和天主教徒不仅在宗教理论上存在分歧，在很多较为实际的问题上也有分歧。贵族可以做的各种事中产阶级就不能做，不拘泥于宗教教义和形式的人及自由思想者认为，人们没有参加宗教仪式的义务。而在我们这个时代，整个欧洲大陆的社会主义者和非社会主义者之间也存在着很大分歧。政治上如此，生活上的方方面面也是一样。英语国家间的分歧数不胜数。有些群体会崇尚艺术，另一些群体却视艺术为魔鬼，而如果是现代艺术，那就绝对是魔鬼了。有些群体认为效忠帝国是崇高的美德，而另一些群体则认为这是邪恶的，还有的群体认为这很愚蠢。因循守旧的人会认为通奸是最大的恶性之一，而很大一部分人却认为，即使这种行为并不值得赞赏，也是可以被原谅的。天主教徒是绝对不能离婚的，而大部分不是天主教徒的人却认为，离婚是拯救婚姻的必要手段。

正是由于这些分歧，有某种嗜好和信念的人会发现，自己实际上是所在群体的另类，而在另一个群体中他就是一个完全正常的人。绝大多数的不快乐，特别是年轻人的，都是这么来的。青年男女通过某种方式听到了一些正在流行的观念，但却发现在他生活的那个环境里，这些观念都是被诅咒的观念。年轻人很容易认为，只有他们所熟悉的那个环境才能代表整个世界。他们很难相信，在另一个地方或另一个群体中，他们因害怕被认为是大逆不道而不敢承认的观点，会被看成是他们那个年纪的正常想法。就这样，对世界的孤陋寡闻让人们遭受了大量不必要的痛苦，这种痛苦有时只限于青年时代，但在人的一生中却并不少见。这种与世隔绝不仅是痛苦的根源，还会让人将大量精力耗费在不必要的保持精神独立的工作上，以对抗四周的敌意，并且十有八九不敢循着自己的思想，直至得出合理结论。勃朗特姐妹在她们的书没有出版之前没有遇到一个意气相投的人,可这并没有影响到很勇敢也很大气的艾米莉·勃朗特,但却的确影响到了夏洛特·勃朗特。尽管她很有天赋,但她的观点在很大程度上却总是停留在家庭女教师的水平上。同时代的诗人布莱克和艾米莉一样,也过着精神上极度孤独的生活,但也和她一样,拥有克服这种负面作用的强大力量,因为他永远认为自己是对的、批评他的人是错的。这几行字表达了他对舆论的态度:

> 我认识的人当中唯一一个
> 不会让我恶心的人
> 就是斐赛利
> 他既是回教徒又是犹太人
> 而我亲爱的基督徒朋友们
> 你们又是怎么看的呢?

但是,内心具备这么大力量的人并不多。几乎每个人都认为,要想快乐就要有一个有共鸣的环境。当然,大多数人都生活在这种有共鸣的环境中,他们年轻时接受了当时的偏见,会本能地让自己适应周围的信仰和习俗。但大多数少数派，几乎包括了所有智力过人或富有艺术才华的人，是不可能就这么认了的。比如一个出生在小乡镇的人，他在很小的时候就发现，自己生活在敌视一切为了心智卓越而必须做的事的环境里。如果他想读些正经书，别的孩子就会看不起他，老师也会告诉他这种书会让他心神不安。如果他喜欢艺术，同辈人就认为他很懦弱，长辈们会认为他伤风败俗。如果他很想从事某个职业，无论这个职业多么值得尊敬，只要它不是他所在的圈子里常见的职业，人们就会说他标新立异，说对他爸爸好的事对他也是好的。如果他露出了任何想批评他父母的宗教信仰或政治派别的意思，那他很可能会发现自己有大麻烦了。就是因为所有这些，大多数出类拔萃的青年男女的青春期都是很不快乐的。对他们那些较为平庸的同伴来说，青春期是愉快和享乐的时期，而他们想要的却是很正经的东西，在际遇让他们降生到的那个特殊社会群体里的那些同辈和长辈中是找不到这些东西的。

这种年轻人上了大学后可能会找到意气相投的伙伴，过上几年非常快乐的日子。如果他们够幸运，大学毕业时就能找到一份仍有可能自己挑选合意伙伴的工作。住在和伦敦或纽约一样大的城市里的聪明人，一般都能找到很如自己意的群体，在那里，他们不必约束自己，也用不着虚伪。而如果他的工作要求他必须住在一个小地方，特别是当他需要对普通人保持尊重的姿态时，比如他要是医生或律师的话，他可能会发现，他几乎一辈子都在逼着自己在天天见面的人面前隐瞒自己真正的嗜好和信仰。美国尤其如此，因为这个国家幅员辽阔，在最意想不到的东、南、西、北的某个地方会有一些孤独的人。他们会从书里知道，有的地方可以让他们没有孤独感，可他们没机会住到这种地方，连说个知心话的机会也是微乎其微。在这种情况下，凡是没有布莱克和艾米丽·勃朗特那种坚强的人，都不可能有真正的快乐。要想真正地快乐，必须要找到减轻或躲开专横的舆论的方法。只有这样，富有才华的少数人才能相互了解，并从彼此之间的交往中找到乐趣。

很多情况却是不必要的胆怯让问题变得不必要的严重。舆论对显然会害怕它的人总比对满不在乎它的人要暴虐得多。狗对怕它的人比对蔑视它的人叫得更凶，咬得更快。人也有同样的特点。如果你显出了害怕他们的样子，就等于是在说你是很好的猎物，而如果你满不在乎，他们就会怀疑自己的力量，进而会放过你。我当然不是在倡导极端的挑衅行为。如果你在加州坚持盛行于俄罗斯的观点，或者在俄罗斯坚持盛行于加州的观点，你就一定要接受这么做的结果。我说的并不是极端的事,而是一些很温和的做法,如衣着不当、不归属某个教堂或者阅读禁书。如果是愉快地、随意地有了这些偏离习俗的举动,不是出于挑衅而是很自然地做出来的,那么即使是最保守的社会也会容忍这种行为。渐渐地,人们可能会承认狂人的地位,会认为狂人可以做的事别人做了就不能原谅。这在很大程度上是有关人类美好天性和友好态度的问题。保守的人之所以会被离经叛道之人激怒,多半是因为这种行为是对自己的指责。对一个能够以非常愉快、友好的态度向他们——甚至是最愚蠢的人——表明他并不想指责他们的人,人们是会原谅他做的很多有悖传统的事的。

然而,对于很多因兴趣和看法的缘故已失去了人们的同情的人来说,这种逃避舆论谴责的方法是不可行的。缺乏人们的同情会让他很不舒服,也会让他很好斗,即便他表面上会顺从或努力回避一切尖锐问题,那也无济于事。于是,与自己所在群体的习俗格

格不入的人就会敏感易怒、闷闷不乐,非常缺乏幽默感。这种人如果到了另一个不认为他的看法很奇怪的群体中,就可能完全改变自己性格:会从不苟言笑、羞怯、退缩的人变成愉快而自信的人;会从刚愎自用的人变成平易近人的人;会从以自我为中心的人变成爱交际、性格外向的人。

所以,只要有可能,觉得自己与周围环境格格不入的年轻人就应该尽量地去寻找有机会找到志趣相投的伙伴的工作,哪怕这份工作会让你的收入减少很多。而他们往往会认为这几乎是不可能的,因为他们对世界了解得太少,还很容易认为到哪儿都有他们在家里已经习以为常了的偏见。在这个问题上,长辈们应该给予青年人更多的帮助,因为这需要相当多的社会阅历。

在这个精神分析盛行的年代,只要一个年轻人和他所处的环境格格不入,人们就会习惯地认为这一定是心理紊乱造成的。在我看来,这种观点完全是错误的。举个例子,假定一个年轻人的父母认为进化论是邪说,在这种情况下,让他失去了父母的同情没有别的原因,只是因为他有智慧。与自己周围的环境格格不入当然很不幸,但却并不总是需要不惜一切代价地避免。如果周围的环境充满了愚昧、偏见或残忍,那与这样的环境格格不入反而成了一种优点的标志。从某种程度上讲，几乎所有的环境中都存在这种情况。伽利略和克普勒有着"危险的思想"（在日本是这么说的），我们这个时代最有智慧的人也是这样。让公众意识强大起来以便让这些人畏惧自己，这种可能激起广泛敌意的做法并不可取，应该做的是找到可以尽可能减少、减弱这种敌意的方法。

在现代社会中，这种问题大多出在年轻人身上。如果他选择了一个合适的职业，生活在一个合适的环境中，他多半能够摆脱社会的烦忧。而在年轻且自身价值还没被检验过的时候，他会被无知的人摆布。这些人认为自己可以对自己不知道的事作出判断，而且，如果年轻人的建议让他们觉得，年纪轻轻却好像知道得比他们这些见多识广的人还要多时，他们就会觉得受到了侮辱。很多最终逃脱了无知者专横的人都进行过艰难的抗争，经历过长期的压抑，最后满腔悲愤、精疲力竭。有一个让人感到安慰的信条就是天才总能走出自己的路来。在这个说法的支持下，很多人就会认为对青年才俊的压制不会有很大的危害性。但无论如何都没有理由接受这个信条，它就像凶手必将落网的理论一样。很显然，我们所知道的凶手都是已经被发现了的，但有谁知道究竟还有多少凶手没被发现呢？同样，我们知道了所有天才都走出了困境，但我们没有理由认为在青年时代就被压垮了的人并不是很多。而且这不仅是一个有关天才的问题，它还是一个有关社会所需要的才华的问题；不仅是一个显露头角的问题，还是一个不悲苦、不耗费精力地显露头角的问题。就是因为这一切，年轻人的路不应该走得那么苦。

老年人应该用尊重的态度对待青年人是可取的，而青年人也应该用尊重的态度对待老年人却是不可取的。原因很简单，因为无论在其中哪种情况下都应该关注青年人的生活而不是老年人的生活。当青年人试图规定老年人的生活时，如反对孤寡的父母再婚，他们就和老年人试图规定青年人的生活一样大错而特错。无论老年人还是青年人，一旦到了可以自由行事的年龄就有权自己选择，必要的话他们还有犯错的权利。在任何重大问题上都屈服于老年人的青年人是轻率和愚蠢的。举个例子，假定你是一个想登台表演的年轻人，而你的父母不是因为演戏不光彩，就是因为社会地位低而反对你的志向。他们可能会给你各种压力；可能会说如果你不听他们的就再也不管你了，用不了几年你一定会后悔的；他们还可能举出一连串的年轻人因一时冲动而惨淡收场的可怕例子。当然了，他们认为你不适合做演员也可能是对的，可能因为你没有表演天赋或你的声音不够好。但即使你很快就从戏剧人士那儿发现了这一点，也还是可以有相当多的时间去改行的。不应该将父母的论据作为你放弃尝试的充分理由。如果你不顾他们的反对而实施了自己的计划，他们很快就会回心转意的，实际上比你或他们想的要快很多。而另一方面，如果你发现专业人士并不赞同你的想法，那就是另一回事了，因为对于初学者来说，总是应该尊重专业人士的意见的。

我认为，一般来说，除了专业人士的意见之外，无论大事小情，人们过于尊重别人的意见了。一个人对舆论的尊重程度应该控制在不至于让自己忍饥挨饿、锒铛入狱的限度之内。超过了这个限度的尊重舆论就是自愿地屈服于不必要的残暴专横，这可能会从各个方面影响人的幸福。就拿花钱来说，绝大多数人的花钱方式和他们天生的情趣截然不同，而这仅仅是因为，他们觉得邻居们对他们的尊重取决于他们是否拥有一辆好车，是否有能力提供丰盛的晚餐。事实却是，绝对买得起好车但却由衷地喜欢旅行和藏书的人，最终得到的尊重要远远多于他也像别人一样行事时得到的尊重。这当然不是在故意藐视舆论，虽然方式有些混乱，可还是在舆论的控制之下，但对舆论的真正藐视则既是一种力量又是幸福的源泉。不会过分屈从习俗和惯例的男女们所组成的社会，要比人云亦云、千人一面的社会有意思得多。在每个人都能独立发展自己个性的地方，所有的不同之处都能被保留下来。在这里也值得去结识陌生人，因为他们不会是你已经见过的人的复制品。这曾经是贵族社会的优点之一，因为出身决定地位，所以允许古怪行为存在。而在现代社会，由于我们正在失去这种社会自由的源泉，所以应该更加清醒地认识到整齐划一的危险性。我并不是说人们应该有意识地做行为古怪的人，这和因循守旧一样无聊，我只是说人们应该自自然然，只要绝不是在反社会，就应该跟着自己不由自主产生出来的情趣走。

现代社会便利的交通让人们可以不再像以前那样必须依赖在地理上离得最近的邻居。有车的人可以将住在 20 英里以内的任何一个人当做自己的邻居，因而也就有了比过去更大的可以自主选择同伴的力量。在人口稠密的地方，如果一个人无法在 20 英里内找到志趣相投的人，那他一定是个非常不幸的人。在大的人口聚集区，已经没有应该认识你的左邻右舍的观念了，而在小城镇和乡村，这种观念还是有的。这种观念已经变成了一个愚蠢的观念，因为我们的社会交往不再依靠左邻右舍了，我们越来越可能只因志趣相投来挑选同伴，而不仅仅是因为离得近。志趣相投、意见相同的人之间的交往可以提升幸福感,沿着这个方向进行的社会交往可能会越来越多。而这么一来,就很有希望将现在正折磨着很多离经叛道之人的孤独感逐渐减弱到几乎没有的程度了。这无疑会增加这部分人的幸福感,但也一定会减少墨守成规之人从怜悯离经叛道之人的善举中得到的虐待狂式的快乐,而我并不认为这种快乐是需要我们极力留住的那种快乐。

和所有其他的恐惧一样,害怕舆论会压制、阻碍人的成长。如果这种恐惧感一直都很强,那就很难做出什么大事了,也不可能得到真正幸福之所在的精神上的自由,因为幸福的本质在于,我们的生活方式是来自内心的冲动,而不是来自一时兴起和偶然成了我们邻居的人或我们的亲戚们的愿望。对近邻的恐惧肯定比过去少多了,但又出现了新的恐惧,就是害怕报纸上会说些什么,这和中世纪搜捕女巫一样可怕。如果报纸找了一个可能根本没有什么危害性的人做替死鬼,结果可能更可怕。幸好大多数人因为自己的默默无闻而逃脱了这样的命运,可由于宣传方式的日趋完善,这种新颖的社会迫害方式的危险性却也在与日俱增。这件事很严重,作为牺牲品的个人绝不能以藐视了之。我认为,无论人们如何看待新闻自由这个大原则,还是会出台比现行的诽谤罪更严厉的规定的,并且还会禁止让无辜的人过不下去的任何行为,即使他们做过或说过什么,也不允许用恶意的口吻去公开宣扬,让他们不得人心。然而,根除这种恶行唯一根本性的方法还是要提高公众的宽容度水平,最佳方法就是大量增加能够享受真正快乐,因而不会觉得自己的主要乐趣就是对同类施加痛苦的这类个体的数量。

下篇

幸福的原因

第10章 还可以快乐吗？

此前我们一直都在探讨不快乐的人，现在我们终于有了快乐的工作了，我们要探讨快乐的人了。朋友们的言论和著作几乎让我认定现代社会是不可能有快乐的。然而在自我反省、国外旅行和与我的园丁谈话之后，我的这种观点正在慢慢消散。在前面的章节中，我已经分析了我那些文学界朋友们的不快乐，在这一章里，我想审视一下我一生中见过的快乐的人。

快乐可以分为两类，当然，也存在着中间部分。我认为可以将这两类快乐分为平淡无奇的快乐和浮想联翩的快乐，或者叫肉体的快乐和精神的快乐，也可以叫情感的快乐和理智的快乐。当然了，选哪个名称要依论点而定。此刻我并不想证明任何论点，我只想描述一下。描述这两类快乐的区别的最简单方法，也许就是说一类快乐是面向所有人的，另一类快乐只面向能读会写的人。小时候我认识一个非常快乐的人，他是个掘井工，长得非常高大，肌肉极为健壮，既不能读也不会写。1885年，他拿到了一张国会选票，这是他第一次知道有这么一个机构。他的快乐不是源自智力，也不是基于他对自然法则、物种的可完善性、公众应拥有公共事业所有权或耶稣再生论者终将胜利的信仰，更不是基于知识分子认为的享受生活必不可少的任何其他信条。他的快乐建立在身体的活力、充分的劳作以及对石块这个并不是不能战胜的困难的征服上。我的园丁也有同样的快乐，他成年累日地与野兔作战，说起这事儿就像是苏格兰战场的人在说布尔什维克。他认为野兔行动诡秘、诡计多端，而且凶恶残忍，只能用同样狡猾的手段对付它们。就像每天都在捕猎的凡尔哈拉①的英雄们一样，我的园丁每天都能杀死他的敌人。可被英雄当晚杀死的野猪第二天一早会神奇地复活，而我的园丁却用不着担心他的敌人会在第二天完全消失。虽然早过了70岁，可他还是整天工作，而且每天骑行16英里的山路上下班。他的快乐之泉永不枯竭，源头就是"它们这些兔崽子"。

---

① 斯堪的纳维亚神话中的英雄们所住的地方。

你可能会说这种简单的乐趣不是面向我们这种出色的人的，和像兔子这样的微小动物作战有什么快乐可言呢？我认为这种观点实在可怜。一只兔子比一个黄热病杆菌要大很多，而出色的人却能在与后者的战斗中找到快乐。就情感的内容而言，和我园丁的快乐极为相似的快乐也是面向受过最高等教育的人的。要想获得成功的快乐就要付出艰苦的努力，尽管最后总能成功，但在此之前会对此深表怀疑，这也许就是为什么说不高估自己的能力是幸福的源泉之一的主要原因。低估自己的人总会惊讶于自己的成功，而高估自己的人却总会惊讶于自己的失败。前一种惊讶是愉快的，后一种惊讶是不愉快的。所以明智的做法是不要过于自负，尽管也不能自谦得没了进取心。

在接受过最高等教育的社会成员中，目前最快乐的就是从事科学的人了。他们当中最杰出的人很多都是感情简单的人，从自己工作中得到的深度满足可以让他们从饮食甚至婚姻中找到乐趣。艺术家和文人认为婚姻生活中有些不快乐是必要的，而从事科学的人却总能享受旧式的天伦之乐，原因就在于他们智力中的较高部分完全被他们的工作占据了，再也不能介入他们无能为力的领域了。他们从工作中找到了快乐，因为在现代社会中科学是先进的、有威力的，还因为无论对他们自己还是对外行来说，没人会怀疑科学的重要性。所以他们没必要感情复杂，因为较为简单的感情遇不到任何阻力。感情上的复杂性就像河中的泡沫，是从阻断平缓流淌的水流的障碍物中产生出来的。但是，只要河水的生命力没有被阻挡，障碍物就激不起浪花，一般人也就察觉不到它的力量了。

从事科学的人将快乐的全部条件变成了现实。他从事的是一项可以充分运用其能力的活动，取得的是不仅对自己而且对大众都好像很重要的成果，即使人们一点都不懂。在这点上他比艺术家幸运。当大家看不懂一幅画、读不懂一首诗时，他们会断定这幅画或这首诗不好，而当他们弄不懂相对论时他们会（准确地）断定自己受的教育不够多。于是爱因斯坦被大加赞赏，而最好的画家却在阁楼上饥肠辘辘（或至少如此）。爱因斯坦是快乐的，画家们是不快乐的。在自己的我行我素不断受到大众怀疑的生活里，很少有人能真正地快乐，除非他们能将自己关在一个圈子里，忘记外面的冰冷世界。从事科学的人则不需要小圈子，因为除了同事所有人都觉得他好。与此相反，艺术家却处于不得不去选择是被人鄙视还是作可鄙之人的痛苦境地中。如果他具有一流的才华，那他一定会有非此即彼的不幸——如果他施展了自己的才华，他就会被人鄙视;如果不施展,就会是可鄙之人。但并不总是这样,也不是哪儿都是这样。有些时代人们是很尊重画家的,甚至在他们年轻的时候。尽管于勒二世①可能没有善待米开朗琪罗,但他从不认为米开朗琪罗没有绘画才能。尽管现代的百万富翁可能会资助才华已逝的老艺术家,但他从不认为他们的工作和自己的一样重要。这些可能能说明这样一个事实:一般来说,艺术家没有科学家快乐。

我认为我们必须承认,西方国家的青年人正在因找不到能够充分发挥其天赋的职业而不快乐,而东方国家却没有这种情况。对于这个时代聪明的年轻人来说,待在俄国可能要比待在任何其他地方都要快乐。那里有一个等着他们去创造的新世界,还有一种与之相对应的创造新世界的炽热信仰。老人物已经被处决、饿死、流放或用其他方式隔绝了,所以在那里不会像在西方国家那样逼着青年人在做坏事还是无所事事之间做选择。对于老道的西方人来说,俄国青年的信仰可能有点儿粗野,可说到底,这又有什么可被指责的呢?他们正在创造一个新世界,这个新世界是投其所好的,并且一旦被创造出来,将几乎可以肯定地说,能让普通的俄国人比

---

① 16世纪教皇,主持开建了圣彼得大教堂。

革命前更幸福。这样的社会可能不是一个让老道的西方知识分子感到快乐的社会，可他们并不是非要在那儿生活才行。因此，无论做何种实际的检验，俄国青年的信仰都是正当的，指责这种信仰粗野只在理论上站得住脚。

在印度和日本，政治一类的外部环境会干扰青年知识分子的幸福，但那儿没有西方国家那样的内部障碍。那里有年轻人很看重的活动，只要这些活动能成功，他们就会快乐。他们觉得自己在民族生活中扮演着重要角色，并且立志追求尽管困难重重但仍有可能实现的目标。在西方国家受过高等教育的青年男女中极为常见的玩世不恭是安逸与无能为力结合的产物。无能为力会让人觉得没有值得一做的事，安逸可以让这种痛苦的感觉变得刚好可以忍受。东方国家的大学生希望能拥有更大的社会影响力，要在西方国家就不能了，但在东方拥有丰厚收入的机会比在西方少得多。可是他们既不无能也不安逸，他们会成为改革者或革命者，而不是玩世不恭者。改革者或革命者的快乐建立在公共事业的进程上。或许即使在他就要被处决的时候，他也会比安逸的玩世不恭者感受到更多真正的快乐。

但我并不想说这些高远的快乐是唯一可能有的快乐。事实上，这样的快乐只面向少数人，因为要想有这种快乐就要有极不一般的某种能力和广泛的兴趣。不是只有杰出的科学家才能从工作中找到乐趣的，也不是只有主要的政治家才能从其宣扬的某种主张中得到快乐的。任何一个能够发挥某种特殊技能的人都能从工作中找到乐趣，只要他在发挥自己技能的过程中感到满足，不苛求公众的赞誉就行。我认识一个小时候就双腿残疾的人，他长寿的一生始终都是恬适的、快乐的。他是靠着写一部五卷册的有关玫瑰枯萎的书得到快乐的，我一直认为他是这方面的一流专家。我并没有结识大批贝壳学者的兴趣，但从与他们有来往的人那里，我知道研究贝壳可以让他们快慰。我还结识过世上最优秀的排字工，他是所有致力于创新美术字体的人的榜样。对他来说，人们由衷的而不是略微的敬佩带给他的快乐并不比运用技艺带给他的实实在在的快乐多多少。这种愉悦和优秀的舞蹈家从舞蹈中感受到的快乐是有相似之处的。我还认识一些排字工，他们是排数学字体、手写体、楔形文字以及任何冷僻、艰涩文字的专家。我不知道他们的个人生活是否快乐，但在工作时间里，他们的富有建设性的本能是一定能得到充分满足的。

人们会习惯地说，在我们这个机器时代里，手工业者从其技巧性工作中得到的快乐会比过去少。我并不完全相信这种说法。今天有技艺的劳动者所做的事与中世纪的行会所关注的事的确截然不同，但对机器时代的经济发展来说，他们的作用还是十分重要、不可缺少的。他们制造科学仪器和精密机械，他们是设计师、飞机机械师、汽车司机和做着几乎可以无限发挥自己技能的事的其他人。在我能观察到的范围内，相对落后地区的劳动者并非和汽车司机或火车司机一样快乐。耕种自己土地的农民所做的工作的确也是各种各样的，他们犁地、播种、收割，但他们得听凭物质要素的摆布，他们很清楚自己的附庸地位。而一个从事现代机械工作的人却知道自己的力量，能意识到人是自然力的主人，而不是奴隶。当然了，对于大部分只是个照看机器的人来说，这样的工作的确非常乏味，他们要一遍遍地重复几乎没有任何变化的机械式操作，但工作越无聊，就越有可能让机器来完成它。机器生产的终极目标就是要让所有乏味的工作都交给机器做，人类只从事富于变化性和创造性的工作。我们的确与这一目标相去甚远。在这样的社会里，工作的无聊与烦闷将会比农业社会开始以来的任何时期都要少。为了从事农业，人类决定忍受单调、乏味的生活，以减少忍饥挨饿的风险。当他们通过打猎得到了自己的食物时，此时的工作是一种乐趣，从富人们为了娱乐而从事这些祖先的营生的事实中可以看出这一点。而自从进入了农业社会，人类也进入了一个卑贱、悲惨和愚蠢的漫长时期，直到现在他们才被机器的善举从这个时期解放出来。多愁善感的人当然可以大谈与泥土的亲密接触以及哈代①笔下明哲的农民的老辣智慧了，可每个农村的年轻人都盼望能在城里找份工作，在那里，他们可以逃脱风、天气以及漆黑冬夜的孤寂的奴役，走进工厂和影院的可以信赖的、有人情味的气氛中。对于普通人来说，友谊与合作是快乐的基本要素，而工业社会比农业社会更能充分地得到友谊与合作。

对于大多数人来说，快乐的源泉之一就是坚信某事。我想到的并不只是被压迫国家中的革命者、社会主义者、民族主义者以及其他诸如此类的人，我还想到了很多卑微的信仰。我所认识的坚信英国人就是当年失踪的十部落的后裔的人几乎总是快乐的，而那些坚信英国人只是埃弗雷姆和马纳塞部落②的人也有无尽的快乐。我并不是在建议读者应该采用这个信仰，因为我是不会去倡导建立在我认为是错误的信仰基础之上的任何快乐的。同样，我也不会极力要求读者相信只

---

① 19世纪英国诗人、小说家。
② 《圣经》中的故事。

应该根据自己的喜好而生活,尽管依我的观察,这种信仰总能让人有完美的幸福。我们很容易找到毫无奇妙可言的事,对这种事真感兴趣的人就可以将闲暇时间花在这些事上,不再觉得生活空虚了。

与投身于微贱之事相差无几的是沉溺于某种嗜好。现今最杰出的数学家之一将他的时间平均分配在数学和集邮两件事上。我猜想,当前者毫无进展时,后者一定会给他带来安慰。集邮所能解救的悲苦并不只是在提出数字理论方面的假设时所遇到的艰难困苦,邮票也不是可以搜集的唯一一样东西。想一想,古瓷、鼻烟壶、罗马古钱币、箭镞以及古石器所展开的境地多么让人心驰神往。对于这些简单的乐趣来说,我们中的很多人的确是太"高级"了。我们小时候都接触过这些东西,但却出于某种原因认为他们不值得成年人考虑。这完全是错误的,不会危害其他人的任何乐趣都是有价值的。就我而言,我收集河流,我的乐趣在于顺伏尔加河而下,逆长江而上,并为从没见过亚马孙河和奥里诺科河[①]而深感遗憾。虽然这种感情很简单,但我并不为此羞愧。再想想棒球迷们的狂热,他激动地翻看着报纸,收音机正在播放让他兴

---

① 位于南美洲北部。

奋不已的球赛。我还记得第一次见到一位美国一流文学家的场景。根据他的书我猜想他一定是个忧郁的人，当时收音机正在播放最重要的一场棒球赛的比赛结果，于是他忘记了我，忘记了文学，忘记了世间所有其他的悲苦，为他喜欢的棒球队的胜利欢呼。从那以后，读他的书时我再也不会因书中人物的不幸而感到压抑了。

尽管如此，很多——也许是大多数——情况却是，狂热和嗜好不是快乐之源，只是逃避现实、暂时忘记难以面对的痛苦的一种手段。真正的快乐比其他任何东西都更依赖于对人对物的善意的兴趣。

对人的兴趣是一种情感，但并不是要抓住、占有和总是渴望回报的那种情感。后一种情感常常是不快乐的根源。会让人快乐的那种情感是喜欢观察人、能从他们的个性中找到乐趣的那种情感，愿意为与自己接触的人提供感到有趣和快乐的机会，不想去支配他们或让他们对自己无比崇拜。真用这种态度对待别人的人一定会快乐，也会领受到对方的善意。他的兴趣和情感会在他与别人的关系中得到满足，不管这种关系是一般的还是亲密的。他不会尝到忘恩负义的辛酸，因为他很少遇到这种事，即使遇到了他也不以为然。让别人恼羞成怒的古怪个性在他看来则是乐趣的来源，别人经过长期努力才发现是无法实现的目标，他却可以不费吹灰之力地实现。因为是个快乐的人，所以他会是个愉快的伙伴，反过来这又会增加他的快乐感。但这一切必须是自然而然的，一定不能是被责任感激发出来的自我牺牲精神。工作中的责任感是有益的，而人际关系中的责任感则是让人讨厌的。人们都希望被人喜欢，都不希望被人用隐忍和顺从忍受着。在能让人快乐的所有因素中，最重要的可能就是不刻意地、自然而然地喜欢很多人。

刚才我还说到对事物的友善关切。这种说法可能有些勉强，你可能会说人不可能对物友善。尽管如此，在地质学家对岩石的兴趣和考古学家对遗址的关心中，还是有类似友善的东西的，这种关切应该被包含进我们对个人对社会的态度中。对物的关切可能是敌意的而非善意的。一个人可能会因为讨厌蜘蛛，希望住在几乎没有蜘蛛的地方，因而搜集与蜘蛛习惯有关的事。这种兴趣不会给人带来像地质学家从岩石中获得的那种满足感。作为日常快乐的一个要素，对没有人情味儿的事物的兴趣虽然没有对我们同类的友善的那种价值，但却是十分重要的。世界是浩大的，我们自己的力量却是有限的。如果将我们所有的快乐、幸福完全限定在我们个人的圈子之内，那就很难不向生活索要更多的东西。而索要太多会让你得到的比可能得到的还要少。能够借助真正的兴趣——如对曲伦特会议①或星辰史的兴趣——而忘掉烦恼的人一定会发现，当他从没有人情味的世界旅行回来时，他拥有了一种能让他用最好的方法解决自己烦恼的平衡与宁静，同时他还拥有了尽管短暂但却真实的快乐。

幸福的秘诀在于：兴趣范围要尽可能地广，尽可能善意地而不是敌意地对待你感兴趣的人和物。

在下面的章节中，我还会进一步探讨这个针对幸福的可能性而做的初步考察，还会就如何摆脱造成心情沮丧的心理因素提出建议。

---

① 16世纪时的宗教会议。

第11章 论情趣

在这一章,我打算谈谈在我看来快乐的人所具有的最普通、最独特的一个标志——情趣。

理解什么是情趣的最好办法可能就是去看看人们在准备吃饭时的不同表现。有些人认为吃饭是令人厌烦的一件事,无论食物如何丰盛,他们都会觉得无聊。他们吃过丰盛的食物,可能几乎餐餐如此。他们从不知道因为挨饿而怒火中烧的滋味,只知道吃饭纯粹是件刻板的事,是他们所生活的社会规定要做的事。和其他事一样,吃饭是件无聊的事,但却用不着大惊小怪,因为和其他事相比,吃饭是最不无聊的了。接下来就是病人,他们因责任感而吃饭,因为医生告诉他们应该补充一点营养,以保持体力。还有就是美食家,他们满怀希望地开始吃,但却发现没有一道菜做得足够好。再有就是老饕,他们贪婪地扑向食物,大吃一通,身体负担重了,也打起呼噜来了。最后就是这样的人，他们因为胃口正常而吃饭，他们喜欢自己的食物，觉得自己吃饱了就会停下。坐在人生宴席前的人也会用同样的态度对待人生赋予他们的美好事物。快乐的人相当于最后一类食客，饥饿与食物的关系就是情趣与生活的关系。觉得吃饭无聊的人相当于拜伦式痛苦的牺牲品；出于责任感而吃饭的病人相当于苦行僧；饕餮之徒相当于纵欲主义者；美食家相当于爱挑剔的人，他们认为人生中一半的乐趣都不是美事。非常奇怪的是，所有这些类别的人物，可能除了老饕之外，都看不起胃口正常的人，认为自己是高他一等的人。对他们来说，因为饿了而去享受食物，或是因为生活能够给予各种各样有趣的景象和奇特的体验而去享受生活，是很庸俗的。他们从理想幻灭的高度来俯视被他们鄙视为头脑简单的人。我不同意这种看法，在我看来，所有的这类醒悟都是一种病，在某些情况下，这种病的确无法避免。尽管如此，当出现这种病时，仍应该尽可能地治好它，而不应该认为它是一种更高形式的智慧。假定一个人喜欢草莓而另一个人不喜欢，后者又在哪一点上优于前者呢？并没有能够证明草莓好还是不好的抽象或客观的证据。对喜欢草莓的人来说，草莓是好的，对不喜欢它们的人来说，草莓就是不好的。但喜欢草莓的人却有着别人没有的乐趣，就这一点而言，他的生活更快乐，他也能更好地适应他们这两种人都生活在其中的社会。这个小例子所告诉我们的同样适用于更重要的事。从这一点上，爱看足球赛的人优于不爱看足球赛的人，喜欢读书的人更要优于不喜欢读书的人，因为读书的机会比看足球赛的机会更常见。一个人感兴趣的事越多，快乐的机会就越多，需要被拯救的机会就越少，因为如果他失去了一样东西，他能转向另一样东西。人生是短暂的，我们无法对所有的事都感兴趣，但尽可能对很多事情感兴趣总是一件好事，这样可以充实我们的生活。我们都有得内省病的倾向，对于展现在自己面前的多彩世界，内省者却转过头来只盯着内心的空虚。不要以为内省者的忧郁里有什么伟大之处。

从前有两部制造精良的香肠制作机，就是将猪肉变成最美味的香肠。其中的一部机器始终对猪肉饶有兴趣，并做出了无数的香肠。另一部机器却说："猪肉和我有什么关系？我自身的工作比猪肉要有趣、精彩得多。"他丢开了工作，开始研究自己的内部构造。在失去了自己的天然食物后，它的内部也停止了运行，而它研究得越多，越觉得自己空虚和愚蠢。可以做出美味食物的精良装置依然如故，它却失落地猜想着自己还能做些什么。第二部香肠制作机就像失去了情趣的人，而第一部则像是保有情趣的人。头脑是一部奇怪的机器，它能用最惊人的方式将供给它的所有原料结合在一起。但没了外部原料的它会变得软弱无力，而且它不像香肠制作机，它是必须为自己获取外部原料的，因为只有当我们对事件产生了兴趣，事件才会变成经历，如果事件引不起我们的兴趣，我们将一无所获。因此，注意力向内的人会发现没什么值得关注的，而注意力向外的人在偶尔审视自己的灵魂时却会发现，最多样、最有趣的各类成分都被剖析过了，并被重新组合成美妙的或具有启发性的形式。

情趣的形式多得数不过来。也许我们还记得夏洛克·福尔摩斯捡起了一项自己偶然发现的被丢在街上的帽子，审视了一会之后，他说帽子的主人因为酗酒而败落，他的妻子也不像从前那样爱他了。一个对稀松平常之事如此感兴趣的人是永远不会觉得生活无聊的。再想想走在乡间可能会看到的各种各样的事。一个人可能对鸟感兴趣，另一个人可能对草木感兴趣，还有一个人可能对地貌感兴趣，再有一个人则可能对农事感兴趣，以此类推。其中的任何一件事都是有趣的，只要它让你感兴趣。其他的事也一样，对其中任何一件事感兴趣的人会比没有情趣的人更好地适应这个世界。

不同的人对待其同类的态度又是多么不同啊！在长途火车旅行中，一个人完全没有注意同行的任何一位旅客，另一个人却对所有人进行了总结，分析了他们的性格，还对他们的情况进行了敏锐的猜测，甚至可能探听出了其中几个人的隐私。人们对别人感觉的不同正好和人们对别人猜测的不同一样。有些人觉得差不多所有的人都是无聊的，另一些人却能很快、很容易地对遇到的人产生好感，除非有什么明确的理由让他们有别的感觉。再拿像旅行这样的事来说，有些人会去很多国家，总是住最好的酒店，吃着和家里一样的饭菜，拜会和在家里见到的一样无所事事的富人，谈论和在自己饭桌上谈论的一样的话题，回家之后，他们唯一的感受就是终于从昂贵无聊的旅行中解脱出来了。另一些人则无论到哪儿都只看有特色的东西，接触当地的典型人物，留意历史的或社会的趣闻，吃当地的食物，学习当地的习俗和语言，满载着新的愉快的想法回到家里准备过冬。

在所有这些不同的情形中，有生活情趣的人比没有情趣的人有优势，对他们来说，不愉快的经历也是有益的。我为曾闻到过中国平民社会和西西里村庄的气息而感到高兴，虽然我并不能说那一刻我非常快乐。爱冒险的人喜欢沉船、叛乱、地震、火灾以及所有不愉快的经历，只要它们没有危害到他的健康。比如说,地震时他会对自己说:"地震就是这个样子啊。"这个新事件增加了他对世界的了解,这让他很高兴。说这种人不受命运的支配是不对的,因为如果他会失去健康,那与此同时,他很可能会失去自己的情趣,尽管这并不是必然的。在经历了多年病痛的慢慢煎熬之后,他还是死了,可几乎直到最后一刻,他仍充满情趣。有些不健康的东西会毁掉情趣,而另外一些则不会,不知道生物化学家是否能将它们区分开来。或许当生物化学进一步发展之后,我们就能靠吃一些药片来让我们对所有的事感兴趣,但在此之前,我们还得依靠对生活的常识性观察来判断,究竟是什么让某些人对每件事都感兴趣,而让另一些人对任何事都不感兴趣。

情趣会时而普通,时而特别,也可能的确很特别。鲍洛①的读者们可能记得他的《拉文格罗》中的一个人物。他失去了自己全心爱着的妻子,一度感到生活极为空虚。他是个茶商,为了生活下去,他开始自学自己经手的茶盒上的中文说明,最终得到了新的生活乐趣,并开始热忱地学习与中国有关的所有东西。我认识全身心投入到发掘所有与基督教

---

① 19世纪英国作家、旅行家。

早期邪说有关的东西的人,还认识主要的兴趣就是收集霍布斯①的手稿和早期版本的人。事先就猜到一个人会对什么事感兴趣是绝对不可能的,但大多数人是能够对这样或那样的事有浓厚兴趣的,而一旦将这样的兴趣调动起来,他们的生活就不再沉闷了。但非常特别的兴趣带给人的快乐感比普通的生活情趣带给人的快乐感要少,因为它们很难填补一个人的所有时光,而且还总有这样的危险,就是可能在某一天,他会知道有关这个已经成了他嗜好的特别兴趣的所有事,这会让他趣味索然的。

我们会记得将不打算夸奖他们的老饕列入出席人生宴会的不同类型的人物中。读者可能会认为,我们一直在夸奖的有情趣的人与饕餮之徒并没什么确切的分别。现在我们一定要明确区分这两种人。

大家都知道,古人把适度、节制看成是基本的美德之一。在浪漫主义和法国大革命的影响下,很多人都抛弃了这个观点,他们赞美激情,即使这种激情是拜伦式英雄们所具有的破坏性的反社会激情。但古人显然是对的,在美好的生活中,一定有一种不同活动之间的平衡,一定不能将其中一件事做

---

① 17 世纪英国唯物主义哲学家。

绝，而让其他的事做不成。老饕们为了口腹之欲放弃了所有其他的乐趣，这样就会减少他这一生的幸福总量。爱吃以外的其他过分的事也一样。约瑟芬皇后在服装方面就是一个老饕。一开始拿破仑还是为她付账单的，尽管他会不断地提醒她。终于，他对皇后说，她的确需要学会节制，以后他只会为数目合理的账单付账。当约瑟芬又拿到账单时，先是有些不知所措，随即便想出了一个办法。她找到了军事大臣，要求他用军费付她的账单。军事大臣知道她有权解除他的职务，所以按她的吩咐做了，法国也因此失去了热那亚。虽然我并不敢保证这件事绝对真实，但至少有些书就是这么写的。不管它是真实的还是夸张的，对我们来说都一样有益，因为它让我们知道了对服装的热情可以让一个有机会纵容这种欲望的女人走得多远。嗜酒狂和色情狂也是这方面的好例子。我们需要将所有的个人喜好和欲望放入生活的总体框架中，如果想让它们成为幸福之源，那就一定要让它们与健康、与我们所爱的人的情感、与我们生活着的社会所尊重的东西协调一致。某些热情既可以被尽情释放又不会超出这个界限，而另一些却不行。就拿喜欢下棋的人来说，如果他是一个能够自立的单身汉，就不用对他下棋的热情做任何限制，而如果他有妻儿并且不能自立，那就应该严格限制他的这种热情。

对于嗜酒狂和饕餮之徒来说，即使没有社会的约束，从利己主义的角度出发，他们那么做也是不明智的，因为他们的放纵行为是会影响健康的，是在用长时间的痛苦换取片刻的快乐。如果不想让任何独立的热情变成苦难的根源，就必须让这种热情活在由某种事构成的框架中。这样的事是健康、健全的官能，是可以支付生活必需品的足够的收入，是像针对妻儿的那种最基本的社会责任。从本质上说，为了下棋而牺牲这些事的人和嗜酒狂一样坏。我们之所以没有严厉谴责他们，唯一原因是这种人很少见，并且只有具备某种稀缺才能的人才有可能沉溺于这种极富智慧的游戏中。古希腊有关节制的训导实际上就包含了这些事例，一个酷爱下棋、在工作时间里一直盼望能在晚上去下棋的人是幸运的，而为了能整天下棋而放弃工作的人则是一个没有节制美德的人。据说托尔斯泰在其冥顽不化的青年时代曾因战功获得了一枚十字勋章，但就在要颁发奖章的时候，他却为了下一盘棋而决定不去领奖了。在这件事上我们很难说托尔斯泰有什么不对，因为对他来说得不得奖无关紧要，可对一个小人物来说，这就是愚蠢的行为了。

应该承认，作为对刚才提出来的节制准则的一种限制，我们认为某些行为非常高尚，为它们牺牲其他的一切都是合理的。为保卫国家而牺牲的人是不会受到指责的,即使他的妻儿会因此而身无分文。为了有些伟大的科学发现或发明而专注于实验,以至于要让他的家庭忍受贫穷也不会被指责,只要他最后能够成功。可是,如果他所尝试的发现或发明始终不能成功,人们就会说他是个怪人。这好像不公平,因为没人能事先断定这种开拓行为一定能成功。在基督纪元的第一个千年里,为了过圣徒式生活而抛家舍业的人是被人称颂的,而现在,人们就会认为他应该给自己的家庭准备点儿什么。

我认为,在饕餮之徒和胃口正常的人之间有一些藏得很深的心理方面的不同之处。为了一个愿望而牺牲其他所有愿望的人通常都有一些根子很深的烦恼,他们总是在设法逃避恐惧的幽灵。这一点在嗜酒者身上表现得很明显,他们喝酒就是为了忘记。如果他们的生活中没有这样的幽灵,他们就不会觉得嗜酒比节制更舒服了。就像传说中的中国人说的那样:"不为喝酒,只为喝醉。"这是典型的过度且单方面的热情,他们寻求的不是事物中的乐趣,而是遗忘。可是,通过愚蠢的方式来遗忘和通过运用健全的官能来遗忘之间有非常大的区别。鲍洛笔下那位为了能经受住丧妻之痛而自学中文的主人公就是在寻求遗忘,但他是通过没有任何坏处的活动让自己忘记痛苦的，这反而能增长他的智慧和知识，我们没有理由反对这种逃避方式。而对通过酗酒、赌博或其他任何无益的刺激方式来遗忘的人就该反对了。的确存在着极端方式，对于因觉得生活无聊之极而在飞机上或山顶上愚妄地冒险的人，我们又该说些什么呢？如果他是为了公众而冒险，我们会敬佩他；而如果不是这样，我们将不得不把他看成是比赌徒和酒鬼稍强一点的人。

真正的情趣而非其实就是为了遗忘的那种是人类天性的一部分，除非它已经被不幸的境遇毁掉了。小孩子对几乎所有见到和听到的事都感兴趣，对他们来说，世界充满了惊奇，他们永远会满腔热情地追求知识，当然不是学校里的知识了，而是在了解吸引自己的东西的过程中所学到的知识。动物长大以后，只要身体健康，仍有自己的兴趣。一只猫到了一个陌生的房间之后首先会闻遍每个角落，看看是否有老鼠的气味，然后才会坐下。一个从未遭受过致命打击的人总是会对外部世界感兴趣，只要他有这样的兴趣，他就感到生活愉快，除非他的自由被过分地限制了。身处文明社会却失去了情趣，在很大程度上是因为我们生活中必不可少的自由受到了限制。野蛮人饿了就去打猎，他们这么做是出于直接的冲动。每天早上按时上班的人基本上也出于同样的冲动，就是生活所迫。

可在这种情形下，冲动并不是直接产生作用的，不是在感觉到它那一刻时就产生作用的，而是通过空想、信念和意志间接地产生作用的。一个人在其上班的那一刻并不觉得饿，因为他已经吃了早餐。他只知道饿的感觉会再次出现，去工作是为了应对将来的饥饿感。冲动是没有规律的，而文明社会中的习惯却是有规律的。野蛮人，甚至一个集体，只要有的话，都是随性的、冲动的。当一个部落要去作战时，他们会用鼓声激发战斗热情，众人的欢呼雀跃也会激励着每一人参与这个必要的活动，但却不能用这种方式来管理现代企业。如果要让一列火车在某个时间开行，不可能用野蛮人的音乐来激励行李员、驾驶员和信号工。他们每个人都只是因为那是必须做的而工作，也就是说，他们的动机是间接地，即他们并没有从事那种活动的冲动，他们只是冲着那种活动最后的回报而去的。大部分的社会生活都有这样的缺陷。人们彼此交谈并不是因为愿意交谈，而是因为他们希望从这种合作中得到一些好处。文明人无时无刻不被对冲动的限制所束缚。高兴时，一定不能在大街上又唱又跳；难过时，一定不能坐在人行道上放声大哭，因为怕自己阻塞交通。年少时，学校会限制他的自由；成年后，整个工作时间都会限制他的自由。所有这些都会让人更难留住自己的情趣，因为不断地克制会让人疲劳和厌倦。尽管如此，文明社会是不可能不对自然冲动进行相当程度的抑制的，因为这种冲动只能产生最简单的社会合作，而不是现代经济组织所需要的那种极为复杂的合作。要想越过这些妨碍个人情趣的东西，就要有健康和旺盛的精力，要是你运气好的话，还可以借助你感兴趣的且本身就很有趣的工作。据统计，在过去的一百年里，所有文明国家的健康水平一直在稳步提升。但精力水平是比较难衡量的。我很怀疑，人在健康时其体力是否还和过去一样旺盛，这个问题在很大程度上属于社会问题，我并不打算在这本书里探讨它，但这个问题涉及了个人的和心里的问题，我们已经在有关疲劳的章节中探讨过了。尽管文明生活中障碍重重，有些人还是留住了自己的情趣，而如果能从耗费了自己大量精力的内心冲突中解放出来，那很多人就都能这样。情趣所耗费的精力要多于应付必要工作的精力，而这又要求心理机器能够平稳地运转。关于如何才能平稳运转的问题，我会在后面的章节中做更多的分析。

由于"体统"这个错误观念，女人的情趣还在很大程度上被大大地减少了，尽管现在比过去要好一些。人们讨厌女人关注男人，也讨厌她们抛头露面。在学习不该关注男人的同时，她们往往也学会了对一切漠不关心，或只对某种正确的行为感兴趣。让人用静止和回避的态度面对生活显然是在让人敌视情趣，鼓励自我沉溺，这是很成体统的女人的特征，特别是那些没受过教育的女人。她们没有普通人对体育活动的那种兴趣，对政治不闻不问。她们对男人冷漠高傲、一本正经，对女人则怀有敌意，因为她们认为别的女人没有自己规矩。她们夸耀自己的独善其身，也就是说，她们以对其同类漠不关心为美德。不应该因为这些指责她们，她们仅仅是在接受流行了数千年的有关女人的道德教化。可惜的是，作为压迫制度牺牲品的她们却并没有察觉这种制度的不公平。对于这样的女人来说，所有的斤斤计较都是善的，所有的慷慨大方都是恶的。在她们自己的社会圈子里，她们尽其所能地扼杀快乐，在政治方面则喜欢压制性的立法。幸好这种人正在减少，但还是比无拘无束生活着的人所料想的多得多。怀疑这种说法的人可以到出租房屋的地方走一圈，找间房住，在找房过程中留意一下女房东。他会发现她们是靠着"女德"的观念活着的，这种观念中的精华部分包含着摧毁一切生活情趣的内容，而她们的心和脑也因此而萎缩。合理想象中的男德和女德之间并没有什么差别，至少没有传统教育中所说的那种差别。情趣是幸福、安康的秘诀，男人如此，女人也是如此。

第12章 论 爱

缺乏情趣的原因之一是觉得没人爱自己，反过来，觉得有人爱自己则会比其他任何东西更能增加情趣。一个人会因为各种各样的理由而觉得没人爱自己，他可能会因为自己让人害怕而觉得不可能有人爱他；也可能童年时就不得不习惯于接受比其他孩子都少的爱；还有可能他的确是一个谁也不爱他的人。不过，导致最后一种情况的原因可能是早年的不幸让他缺乏自信。觉得没人爱自己的人会因此而采取不同的态度，他可能会用极不寻常的善意举动去竭尽全力地赢得爱，而他很有可能一无所获，因为这种善举的动机很容易被受益者察觉，并且人类的天性就是最愿意给最不需要爱的人送去爱。所以，竭力通过善举来换取爱的人会因为人们的忘恩负义而感到幻想破灭。他从未想过，他努力去换取的那种爱比他按价格提供的物质恩惠要贵重得多，他的感觉正得自于他的行为。另一种注意到没人爱自己的人会通过发动战争,掀起革命或像斯威夫特①那样用自己犀利的笔报复世界。这是对厄运的英勇反抗,需要一种足以让一个人对抗整个世界的刚强性格。没有几个人能达到这个高度,如果觉得自己没人爱,绝大多数男人或女人都会限于胆怯的绝望中,只能在偶尔的嫉妒和怨恨中才能略感安慰。一般来说,缺少爱会让他们没有安全感,他们会极度地以自我为中心,本能地任凭习惯完全彻底地左右自己的生活,以逃避这种不安全感。让自己成了单调生活的奴隶的人通常都畏惧冷酷的外部世界,他们觉得如果走以往走过的路就不会撞上它。

面对生活有安全感的人比面对生活没有安全感的人要快乐得多,至少在安全感没有为他们带来灾祸的情况下是这样的。尽管不是全部,但绝大多数情况,是安全感本身就能帮助一个人逃离另一个可能深陷其中的危险境地。如果你走在架设在深渊之上的狭窄木板上,感到害怕比不感到害怕更有可能让你掉下去。生活中的事也是这样,无所畏惧的人当然也会遇到飞来横祸,但他可能毫发未损就度过了很多险境,

---

① 18世纪英国著名文学家、讽刺作家、政治家,代表作品是寓言小说《格列佛游记》。

而胆小的人却悲痛不已。这种有益的自信的形式数不胜数。有人对高山很自信，有人对海洋很自信，还有人对天空很自信。但对生活的一般性自信，比任何其他东西都更多地源于习以为常了的自己需要多少就能得到多少的那类爱。我在这章就是想说情趣就源自这种思维习惯。

尽管大部分安全感都来自于相互的爱，但让人有安全感的是得到的爱，而不是给予的爱。严格地说，爱和钦佩都能产生这样的效果。像演员、牧师、演说家和政治家之类的，以赢得公众钦佩为生的人会越来越依赖赞赏。如果得到了自己应得的公众的赞赏，他们的生活就会充满情趣，而如果没得到，他们就会闷闷不乐、郁郁寡欢。对他们来说，公众给予他们的广泛善意都是泛泛的、普通的，而对别人来说，这种善意就像是少数人的深厚情谊一样。受到父母宠爱的孩子认为，父母之爱是很自然的事，虽然这种爱在很大程度上事关自己的幸福，可他不会想得太多，他想的是大千世界，想的是就要有的奇遇以及长大后可能会遇到的更美妙的奇遇。但在所有这些对外部世界的关注的后面却是父母之爱是会保护他，让他免于灾祸的一种感觉。因为某种原因而失去了父母之爱的孩子可能会变得胆小、不敢冒险，充满了畏惧和自怜心理，再也不能以一种愉快探险的心情来面对世界了。这样的孩子可能在年纪非常小的时候就开始思考生死以及命运的问题了。一开始他会变得内向、忧郁，到最后，他会从一些哲学和神学中找寻不真实的安慰。世界是个乱七八糟的地方，里面有愉快的事也有不愉快的事，它们杂乱地堆在一起。从本质上说，想从中找出一个清晰的系统和模式的愿望源自恐惧，实际上就是广场恐惧症或畏惧开放的空间。在四壁环绕的书斋里，胆小的学生会感到安全。如果他能让自己相信宇宙也同样的井然有序，那当他必须冒险上街时，他几乎能同样地感到安全。如果这种人得到过很多的爱，对真实世界的畏惧感就会少一些，就不会逼着自己去发明一个只存在于理想世界并将它收归自己的信念了。

但是，并不是所有的爱都能鼓励冒险，付出的爱本身必须是强壮的而不是胆怯的，希望对方优秀胜过希望对方安全，当然也绝不是漠视安全。胆小的母亲或保姆总是告诫孩子要提防可能会有的灾祸，她认为所有的狗都咬人，所有的牛都是公的，这会让孩子和她一样胆小，会让他们觉得只有在她身边自己才是安全的。对于占有欲过于强烈的母亲来说，孩子的这种感觉可能让她很快慰，她希望孩子在面对世界时能更多地依赖她而不是自己的能力。在这种情况下，她的孩子可能会变得更坏，比得不到一点儿爱还要坏。早年形成的思维习惯可能会持续一生。很多人在恋爱时都想找一个远离尘世的小小避难所,当没人赞赏他们、夸奖他们时,他们一定能在那里得到赞赏和夸奖。对很多男人来说,家就是一个逃避现实的地方。畏惧和胆怯让他们喜欢有人陪伴,这么一来,这种感觉就会被压下去。他们想从妻子那儿得到自己过去在不明智的母亲那里得到的东西,而一旦妻子把他当成了一个大孩子,他们又会很惊讶。

要想定义什么是最完美的爱绝不是件容易的事,因为很显然,这里面会有某种保护性成分。如果我们所爱的人受到了伤害,我们是不会置之不理的。但我认为,相对于同情已经发生了的不幸,担心会发生不幸在爱里面所起的作用应该尽可能地少。担心别人只比担心我们自己好一点儿,而且这通常都是在掩饰我们自己的占有欲。这是在希望通过激起别人的恐惧心理来更好地控制他们。这当然是男人喜欢胆小女人的原因之一了,因为他们能通过保

护女人来拥有她们。应该给予受益者多少殷勤关怀而不至于伤害到他，主要看受惠者的性格如何，如果他很刚强，爱冒险，那么再多的恩惠也不会伤害到他，而如果他很胆小，就不应该给予他很多恩惠了。

得到的爱有两种功能，到目前为止，我们是把它和安全感放在一起说的。但在生活中它还有更为基本的生物性目的，就是做父母。对于任何一个男人或女人来说，激不起别人的性爱都是极大的不幸，因为这会剥夺生活赋予他的最大乐趣。几乎可以肯定的是，这种剥夺很快就会毁掉人的情趣，让人变得内向。儿时的不幸大多都能造成性格上的缺憾，而这些缺憾又能让人在以后的岁月里得不到爱。在这一点上，男人可能比女人表现得更为真切，因为总的来说，女人往往会因性格而爱男人，而男人往往会因外表而爱女人。不得不承认，在这方面男人显得不如女人，因为男人从女人身上找到的那种让人喜欢的品质，比不上女人从男人身上找到的让人喜欢的品质。可我绝不相信有一个好性格比有一个好外表要容易一些，因为无论如何，女人可以很好地理解，并很快地按照有一个好外表的必要步骤去做，而男人却不知道怎么才能有一个好性格。

我们一直都在说一个人所得到的爱，现在我想谈谈一个人所付出的爱。这种爱也有两种，一种爱最有可能表达人的生活情趣，另一种则表达的是人的恐惧。我觉得前者是完全值得赞美的，而后者最多也就是一个安慰。如果在一个晴朗的日子里你泛舟在美丽的海边，你会赞美沿岸风光并感到一种乐趣，这种乐趣完全是通过向外看得来的，和你自身的迫切需要没有任何关系。另一方面，如果你的船翻了，你会向岸边游去，此时你会对海岸有一种新的爱，它代表着海浪滔滔中的安全，而它是美是丑则已经变得不重要了。更好的那种爱相当于自己的船很安全的那种人的感觉，不太好的那种爱相当于船翻后向岸边游去的那种人的感觉。前一种爱只有在一个人觉得安全时才可能有，至少也要临危不惧。相反，后一种爱却是由不安全感引起的，这种爱比别的爱更主观，更以自我为中心，因为这时会认为被爱的人的价值就在于他所提供的帮助，而不是他的内在品质。尽管如此，我却并不想说这种爱在生活中就没有它合理的作用。实际上，几乎所有真实的爱都包含着一些这两种爱的混合物，只要爱的确能消除不安全感，它就能让人自由自在地对这个世界重新发生兴趣，而这种兴趣在人感到危险和害怕时是被掩饰了起来的。但在认识到这种爱在生活中所起作用的同时，我们还必须坚持这种爱没有另一种爱好这一点，因为它来自恐惧，而恐惧是恶的东西，此外还因为它更以自我为中心。拥有最好的那种爱的人会希望获得新的快乐，而不是希望摆脱原来的不快乐。

最好的那种爱是可以互惠的那种爱，也就是说各自可以愉快地接受爱，自然地给予爱，每一方都会因为这种互惠的快乐的存在而觉得这个世界更有意思了。但还存在着一种绝非少见的爱，在这种爱里，一方会吸收另一方的生命力，只接受另一方给予的，却几乎不回报任何东西。一些极富活力的人就属于这种吸血的人，他们从一个又一个牺牲品那里汲取活力。当他们兴旺了、令人关注了，他们赖以生存的人却变得苍白了、衰弱了和让人讨厌了。这种人将别人当做实现自己目的的工具，从来不会认为别人就是目的。从根本上说，他们对自己有时认为的正在爱着的那些人并没什么兴趣，他们感兴趣的只是可以推动自己活动的刺激物，这种东西可能完全没有人格属性。这显然源于他们人格中的缺陷，极不容易诊断，也不容易治疗。它往往与极大的野心有关，我得说它源于一种对什么才能让人快乐和幸福的过于片面的看法。出于两个人彼此间真正的互惠而产生的爱不仅是得到各自好处的手段，而且还是为了得到共同好处的一种结合，是获得真正的幸福最重要的因素之一。将自我牢牢封闭起来不让其扩展的人，会错过生活赋予的最好的东西，不论他在事业上如何成功。将爱从自己的视野中赶走的那种野心通常都是由对人的某种愤怒和憎恨带来的结果，这种愤怒和憎恨是年少时的不快乐、后来日子里的不公平或所有导致被虐狂的原因的产物。太强的自我就是一所监狱，如果一个人想尽享世界的快乐就必须逃离这所监狱。能够得到真爱是一个人已经逃离了自我这所监狱的标志之一。只接受爱是不够的，还应该能释放出给予的爱来，只有当这两种爱平等地存在时，爱才能最大限度地发挥其作用。

对于互惠的爱来说，心理的和社会的障碍都是一种极坏的东西，世界一直而且仍然在深受其苦。人们迟迟不肯表露赞美之意，生怕用错了地方，迟迟不肯献出自己的爱，生怕对方或挑剔的社会让自己痛苦不已。道德和人情世故都在告诫人们要小心谨慎，其结果是，在和爱有关的地方，慷慨和冒险噤若寒蝉。这一切会让人害怕人类，憎恨人类，因为很多人一辈子都不知道什么才是真正基本的需要，并且十有八九不具备幸福的必要条件，不能用宽广的胸怀面对世界。这并不是说，那些所谓不道德的人在这方面会优于有道德的人。在性关系上，几乎没有什么能被称为真爱的东西，根本就是怀着敌意而来也不是不常见。每个人都设法不把自己交出去，每个人都保留着自己的孤独，按兵不动，所以一无所获，这种经历没什么重要价值。我并不是说应该避免这种经历，因为在这个过程中很可能会产生一种更有价值、更深沉的爱。但我的确认为，只有双方毫无保留，双方的人格融入一个新的集体人格的性关系才有真正的价值。在所有的小心谨慎中，爱情上的小心谨慎可能是最能毁掉真正幸福的东西了。

第13章 论家庭

在前人传给我们的所有制度中，今天再也没有什么像家庭那样混乱和出格的制度了。父母对孩子的爱和孩子对父母的爱可以成为最重要的幸福源泉之一，而现在的事实却是，父母和孩子的关系十有八九成了双方的不幸之源，至少在99%的情况下是其中一方的不幸之源。家庭没能给予原则上能够给予的基本的快慰，是导致我们这个时代普遍不满的最深层的原因之一。希望和自己的孩子保持一种快乐的关系或希望他们生活幸福的成年人必须深刻反思为人父母的问题，反思之后还必须采取明智之举。这本小书可谈不了家庭这个大话题，我们只谈与幸福有关的内容。即使谈到了家庭和幸福的关系，我们也只谈个人力量怎么改善它，不会涉及社会结构的变动。

当然了，这有很大的局限性，因为我们这个时代的家庭的不快乐是由极不相同的各种原因造成的，有心理的、经济的、社会的、教育的和政治的。对于社会中的富裕阶层来说，混在了一起的两种原因让女人觉得为人父母的负担比过去重得多。这两种原因一个是单身女子可以自食其力，另一个是家庭服务的衰落。在过去，女人会因为无法忍受未婚女性的生活处境而结婚。未婚女子会不得不为了获得经济上的依靠而住在家里，她们先是依靠父亲，然后是依靠并不很情愿的兄弟。她没有可以打发日子的事做，没有享受外面世界的自由。她既没有机会也不想去尝试性，她深信婚姻以外的性都是令人厌恶的。如果在所有的防御之下她还是在精心布置的骗局中失去了贞操，处境就会极为可怜。小说《维克菲牧师传》[①]对此作了极为真切的描述：

能掩饰她的罪孽

能隐藏她的羞耻

能让她的情人忏悔

并心中哀痛的

唯有一死

[①] 18世纪英国作家奥立佛·哥尔斯密作品。

现代的未婚女人并不认为这种情况就非死不可。如果她受过良好的教育，她可以很容易地让自己过上舒适的生活，所以不用看父母的脸色行事。因为父母已经不能对女儿行使经济大权了，所以他们不太敢在道德方面指责女儿，而指责一个不会任其摆布的人是没多大用的。所以，对于今天的职业女性中未婚的年轻女人来说，只要才智和外貌不是很差，在她不想要孩子之前，完全能够过一种非常惬意的生活。可一旦生儿育女的念头占了上风，她就非得结婚不可，并且几乎可以肯定的是，她会失去自己的工作，生活的舒适度也会比她已经习惯了的那种舒适度低很多，因为她丈夫的工资极有可能没有她过去挣得多，并且需要养活一个家庭而不仅仅是一个单身女人。过惯了独立生活的她觉得，每一分该花的钱都得向另一个人要有伤自尊，这些原因让这类女人迟迟不肯做母亲。

一个无论如何都要做母亲的女人会发现，和前几代女人相比，她们遇到了一个新的恼人问题，就是很难找到好的佣人。这样一来，她就被拴在了家事上，不得不去做无数的、与她的能力和接受的培训极不相称的琐事。或者是，如果自己不做就会因为呵斥佣人的不用心而弄坏自己的心情。在照顾孩子方面，如果她费心费力地让自己对这方面的事了如指掌,她就会发现,只有冒着巨大的风险才能把孩子,甚至是最简单的打扫卫生的事,托付给保姆,除非她雇得起在某些机构接受过大量培训的保姆。如果在大量琐事的拖累下,她并没有很快失去魅力和一多半智慧的话,那她实在是太幸运了。这种只忙着操持家务的女人往往会变得让丈夫讨厌,让孩子嫌弃。对于晚上下班回来的丈夫来说,唠叨着一天烦心事的妻子是个讨厌鬼,而不唠叨的妻子则是一个糊涂虫。在和孩子的关系方面,由于为了要孩子而做出的牺牲会永远留在她的脑海里,所以几乎可以肯定地说,她会要求过多的回报,而关心琐事的习惯又会让她爱大惊小怪、心胸狭隘。在她不得不承受的所有不公平中,这是最具危害性的,因为为家庭尽职尽责让她失去了他们的爱,而如果她忽视他们,保持着自己的快乐和魅力,家人们反倒有可能爱她了。

这些问题实质上是经济问题,另一个几乎同样重要的问题是,因大城市的人口密集而引发的居住困难问题。中世纪的城市和现在的乡村一样,也就是个乡村,孩子们现在还在唱那首歌谣:

保罗塔尖一棵树

挂满无数大苹果

伦敦城里小男孩

跑来拿棍敲下果

翻过篱笆赶紧跑

一直跑到伦敦桥

圣保罗教堂的塔尖已经没有了,不知是在什么时候,圣保罗教堂和伦敦桥之间的篱笆也不见了。自从伦敦城里的小男孩可以拥有歌谣中所说的那种快乐起,已经过了几百年了,但大部分人住在乡下却并不是很久以前的事。那时的城市不是很大,出城很容易,带有花园的房子随处可见。可现在,英国的城市人口已远远超过了农村人口。在美国,这种势头还算温和,但却在飞快地增长着。对于像伦敦和纽约这样的大城市来说,需要花很长时间才能出城。住在城市里的人通常只能满足于一间公寓,这间公寓当然不附带一寸土地了。普通收入的人只能满足于极为狭小的空间,而如果家里有孩子,就很难在公寓里生活好了。孩子们没有玩耍的地方,父母也没有可以避开他们吵闹的地方。这样一来,越来越多的打工一族就会住到郊区去。从孩子的角度来说,这无疑是件好事,但却会让大人的生活更加辛苦,并且会大大减弱他在家里的作用。

不过我并不想探讨这种大的经济问题,因为它不是我们关心的问题。我们所关心的是为了找到幸福,我们每个人此刻究竟能做些什么。当我们开始谈及这个时代存在于父母和子女关系中的心理纠葛问题时,就离这个问题近了些,这些心理纠葛问题实际上是由民主主义引起的。过去有主人和奴隶之分,主人决定该做什么,并且总的来说,他们是喜欢自己的奴隶的,因为奴隶们可以带给他们快乐。奴隶可能会憎恨自己的主人,不过这种事并不像民主理论所臆想的那么普遍。即使他们恨自己的主人,主人也察觉不到,因为不管怎么说主人还是快乐的。随着人们对民主理论的普遍接受,这一切就都发生了变化:一向顺从的奴隶不再顺从了,一向对自己的权利深信不疑的主人变得犹豫不决了,摩擦也出现了,这也让双方失去了快乐。我说这些并不是为了反对民主主义,因为任何重大转型期都无法避免这种问题的出现。但在转型期间,对于这个问题会让所有人不自在的事实视而不见是毫无用处的。

父母和子女的关系的变化是民主思想被广泛传播的很好例证。父母不再相信他们拥有管束孩子的权利了,子女也不再觉得自己应该尊重父母了,以前天经地义的服从美德现在也成了过时的东西了。精神分析法让受过教育的父母惶恐不安，生怕无意中伤害了自己的孩子。亲吻他们可能生出恋母情结；不亲吻他们可能生出嫉妒。如果命令他们做什么可能生出犯罪感；如果不命令他们又可能让他们养成不好的习惯。当看到自己的宝宝吃手指时，他们会有各种各样可怕的推论，但却会不知所措。曾经因威力无比而得意洋洋的父母变得胆小了，焦虑了，内心充满了疑惑。旧式的简单快乐不见了，而且单身女性的新式自由会让女人在决定做母亲时做出比从前更大的牺牲。在这种情形下，谨慎的母亲对孩子的要求会很少；不谨慎的母亲对孩子的要求会很多。谨慎的母亲会克制着自己本能的爱，并会变得羞怯；不谨慎的母亲会试图从孩子身上找到可以补偿自己不得不放弃的快乐的东西。在前一种情况中，孩子没有很多的爱；在后一种情况中，孩子的爱会受到很大的刺激。这两种情况中都缺少一个家庭在最佳状态下所能有的单纯而且自然的幸福。

看到了这么多的问题，你还会对出生率下降感到惊讶吗？人口出生率的下降在很大程度上已经达到了人口就要开始缩减的程度了。富裕阶层早就过了这个阶段，不只是一个国家，实际上所有最文明国家都是这样的。没有多少可供引用的有关富裕阶层人口出生率的统计，但可以从吉恩爱林的著作中引用两个事实来间接地说明此事。事实是这样的，在1919～

1922 年间，斯德哥尔摩职业妇女的生育率只占全部育龄妇女生育率的 1/3；在 1896～1913 年间，美国惠斯莱大学 4 000 名毕业生一共生了 3 000 来个孩子，而为了阻止实际的人口缩减，应当有 8 000 个不会夭折的孩子才行。可以不加怀疑地说，白种人所创造的文明有一个奇怪的特征，即男女们越吸收这种文明就越不生育。最文明的人最不能生，最不文明的人最能生；两者之间则是一个渐变层。如今，西方国家中最聪明的那部分人正在消亡，用不了几年，整个西方民族在数量上就会缩减，除非让来自不太文明地区的移民来补充。一旦移民们接受了他们国家的文明，也会变成不太能生育的人。具有这种特征的文明显然是不稳定的，除非它能再制造出人口，否则这种文明迟早会消亡并被另外一些文明替代。在这些文明中，做父母的冲动要相当强势才行，这样才能阻止人口的减少。

每个西方伦理学者都试图借助规劝和情操来解决这个问题。一方面他们会说，按照上帝的意愿生很多孩子是每对父母的责任，不管这些孩子将来是否健康和幸福。另一方面，身为男性的教士们唱着母性的圣洁很快乐的高调，谎称什么贫病交加的大家庭是幸福之源。政治也加了进来，说什么相当数量的炮灰是必不可少的，因为如果没有足够多的可以被消灭的人口，所有这些精良奇巧、具有摧毁功能的武器又有什么用呢？奇怪的是，即使承认这个理由适用于别人，一旦涉及自己了，做父母的便装聋作哑了。教士和爱国者的心理是错误的，教士们只有在能用地狱之火吓唬人的时候才会成功，而现在只有少数人才会把这种威吓当真，并且不是这种程度的威吓就不能控制私人性质的行为。至于政府，他们的理由实在太残酷了。人们可能会同意让别人去当炮灰，但绝不愿意让自己的孩子干这个。所以政府唯一能做的就是尽量地让穷人生活在愚昧中，而根据统计，除了最落后的西方国家，这种努力完全是失败的。即使真有这种公共责任的话，也很少有人会出于这种责任而生儿育女。人们之所以会生孩子，是因为他们相信孩子能让他们更快乐、更幸福，或是因为他们不知道该如何避孕。后一个理由仍然威力无穷，但效力正在逐渐降低。无论政府或教会做什么，都无法组织人口的持续减少。因此，如果白种人还想存活下去，就必须让为人父母重新成为能带给父母欢乐和幸福的一件事。

如果抛开现实，只考虑人类天性的话，我想为人父母这件事一定能从心理上带给人生活所能赋予的最大、最持久的快乐。在这一点上，女人无疑会比男人更有感受，而男人的感受也会好过大部分现代人的想象，我们这个时代以前的几乎所有文献都这么认为。赫古巴①对孩子的关心多过对丈夫的，麦克狄夫②对孩子的关注多过对妻子的。在《旧约》里，男女双方都热衷于传宗接代；中国和日本至今还是这样。有人说这种欲望来自于祖先崇拜，我却认为正好相反，应该是祖先崇拜正是人类重视血脉延续的表现。和我刚刚说过的职业妇女相反的是，生儿育女的冲动一定非常强烈，否则没人会为此做出牺牲。就我个人而言，我觉得做父母的快乐要多过我有过的其他任何快乐。我相信，如果环境让男人或女人放弃了这种快乐，那么一定会留下一种深层的、得不到满足的需求，这会让人不满和倦怠，其原因往往不为人知。要想快乐地生活在这个世界上，特别是在青春已逝的时候，就应该不让自己有来日不多的孤独感，要觉得自己是源自最初的一个细胞，奔向遥远的、未知的未来生命之流的一个部分。如果用一个固定的词语来表达这种有意识的情操的话，这当中一定包含着一种极度文明，非常智慧的世界观。而如果把它看成是一种模糊的本能的情感，那它就是原始的自然的，与极度文明大相径庭。一个能成就伟大事业、名垂青史的人可能会借助工作获得生命延续的感觉，而普普通通的男人和

---

① 希腊神话中特洛伊国王普拉姆的第二位妻子，生有 19 个孩子。
② 苏格兰传说中的人物。

女人则只能靠孩子了。任由生育冲动消减的人已经让自己离开生命之流了,他们这么做是冒着让生命枯竭的巨大风险的。除了其中特别超脱的人,对他们来说,死亡就意味着一切都结束了,身后的世界和他们无关,而正因为这样,他们才认为自己的所作所为都是琐碎的、无足轻重的。而对于有了孩子和孙子,并且会很自然地爱他们的男人和女人来说,未来是重要的,至少在他的有生之年里是重要的,无论从伦理和想象力的角度,还是从自然和本能的角度都是重要的。可以将兴趣扩展到个人生活以外领域的人很可能还能将这种兴趣扩展得更远。就像亚伯拉罕那样,他会因想到自己的后代将继承福地而感到满足,尽管多少代以后才能实现,而正是这种感觉让他摆脱了差点让他的所有情感都变得麻木了的空虚感。

家庭的基础当然建立在这样的事实之上,即父母对自己的孩子有一种特殊的爱,这种爱和他们彼此之间的爱以及他们对其他孩子的爱是不同的。诚然,有些父母很少或根本不爱自己的孩子,而有些女人却可以像爱自己的孩子那样去爱别人的孩子。尽管如此,大部分情况还是说明父母之爱是一种正常人对他自己孩子的,不是对其他人的特别的情感,这种情感是我们从动物祖先那里继承下来的。在这方面,我认为弗洛伊德并没有充分考虑生物因素，因为任何一个观察过带着幼崽的雌性动物的人都会发现，雌性动物对待幼崽的方式和她对待与她交配过的雄性动物的方式完全不同。从人类身上也能看见这种不同的、本能的方式，只是形势有所变化，并且不是很明确。如果不是因为有这种特殊的情感，那么几乎没什么理由可将家庭定为一种制度，因为专业机构也一样能照看好孩子。而事实却是，只要父母的本能没有衰退，父母对孩子的特殊的爱就既有利于他们自己又有利于孩子。对孩子来说，父母之爱的价值在很大程度上有赖于它比其他任何爱都可靠这么一个事实。朋友喜欢你是因为你有优点，情人喜欢你是因为你有魅力，一旦优点和魅力都消失了，朋友和情人也会不见的。而在你最不幸的时候，父母却会是你最能依靠的人。在病中，甚至在蒙受耻辱时都会是的，只要他们的确是好父母。别人钦佩我们时，我们会很高兴，但大多数人心里还是会很谨慎的，觉得这种钦佩不可靠。而父母爱我们是因为我们是他们的孩子，这是无法改变的事实，所以我们会觉得和他们在一起要比和其他任何人在一起都安全。在我们成功的时候，这一点并不重要，但在我们失败的时候，它却能带给我们在其他任何地方都找不到的安慰和安全。

在所有的人与人的交往中，让一方快乐很容易，让双方都快乐就难得多了。狱卒会以看押犯人为乐；雇主会以吓唬雇员为乐；统治者会以用铁腕统治臣民为乐；老派的父亲无疑会以用棍棒教化儿子为乐。但这只是单方面的快乐，对另一方来说，就没那么愉快了。我们会觉得单方面的快乐让人不太满意，因为我们相信良好的人与人之间的关系应该能让双方都满意。这一点尤其适用于父母和孩子之间的关系，结果是父母从孩子身上得到的乐趣比过去少多了，而子女从父母身上得到的痛苦也比过去少多了。尽管现实就是这样，但我并不认为父母从子女那儿得到的快乐就该比过去少是有理由的，我也不认为父母就该不让子女更快乐也是有理由的。和现代社会所争取的所有平等关系一样，这需要一定的敏感和温柔，以及对他人人格的一定尊重，而这些都受到了日常生活中好斗情绪的阻碍。让我们来谈谈为人父母的快乐，首先谈谈它的生物本质，然后再谈谈父母以平等态度对待子女所能产生的快乐。

父母之乐源自两个方面，一方面觉得自己身体的一部分在其他部分死后仍能继续活着，而这部分可能会以同样的方式再活下去，这样就能让血脉永存。另一方面是融合了权力、力量和温情的一种东西。新生命是无助的，于是就有了帮助他的一种冲动，这种冲动不仅能满足父母对孩子的爱，还能满足父母的权力欲。只要你觉得孩子无依无靠,就不能说对他们的爱是无私的,因为这是出于要保护自身脆弱部分的天性。可在孩子很小的时候,爱权力和想要孩子好之间就有了冲突。尽管摆布孩子在某种程度上是天经地义的事,但孩子还是应该尽快地通过各种方式独立。对于父母的权力欲来说,这并不是什么好事。有些父母从来就不知道有这种冲突,他们一直是暴君,知道孩子开始反抗。另外一些父母知道的,所以总被这种纠结折磨着,他们的父母之乐也因此而荡然无存。在对孩子百般呵护之后,他们会因为孩子根本没有长成他们希望的那种人而感到屈辱。他们想让他成为一名军人,而他却成了一个和平主义者,或者像托尔斯泰那样,父母希望他做一个和平主义者,而他却加入了黑色百人团[①]。困难并不仅仅出现在孩子后来的成长阶段中,如果给一个自己会吃饭的孩子喂饭,那你就是在将自己的权力欲放在孩子的幸福之上,虽然你只不过是想减少他的麻烦。如果你让他过分注意周围的危险了,那你可能是想让他依赖你。如果你流露的那种爱是希望得到回报的那种,那你可能是想用感情抓住他。父母的占有欲会以大大小小无数的方式让自己误入歧途,

---

① 一个军事组织。

除非他们非常谨慎或心地纯洁。现在的父母是知道这些危险的，他们有时候会没信心管孩子，以至于还不如任由孩子犯错强，因为大人没有把握。缺乏自信是最能让孩子焦虑的事了，所以心地纯洁比小心谨慎要好。如果够聪明的话，真心希望孩子幸福而不是要让孩子听他们话的父母，不需要让精神分析教科书来告诉他们该做什么不该做什么，冲动就可以把他们引入正轨。在这种情况下，父母和子女的关系自始至终都是和谐的，孩子不会反抗，父母也不会失落，这就要求父母从一开始就尊重孩子的人格，这种尊重一定不能只是出于伦理或智力的原则上的尊重，它必须是一种让人深深感到根本不可能摒弃和压制它的、近乎神秘信念的东西。这种态度当然不只是在对待孩子的问题上是好的，对待婚姻和友谊时也非常需要这种态度，尽管用这种态度来对待友谊并不太难。在一个良好的社会里，这种态度会普遍存在于人群之间的政治关系中，不过希望渺茫，我们也不必留恋。所有人都需要这种温情，最需要的则是孩子，因为他们无助，因为他们软弱可欺。

回到这本书所关注的问题上就会发现，只有能深深感受到我一直在讲的这种对孩子的尊重态度的人才能在现代社会中尽享父母之乐。因为对他们来说，没有要抑制权力欲的苦恼，也不用像专制的父母那样害怕在孩子独立时有理想破灭之感。有这种态度的父母所享受到的父母之乐比能够尽情挥舞父母大权的专制父母得到的父母之乐要多。因为与还在为了在这个不稳定世界中保持自己的优势地位而奋斗、挣扎的人可能会有的任何情感相比，让温情洗去了所有专制倾向的爱能带给人更美妙、更温柔的快乐，也更能将粗糙的日常生活变为令人心醉神迷的黄金般的快乐。

尽管我对为人父母的情感评价很高，但我并不会就此推断出普遍存在的一种观点：母亲应该尽可能为孩子多做事情。在除了由年长女人传给年轻女人不科学的零零碎碎的育儿方法之外什么都不知道的年代里，有这个习俗也很好。而现在，大量的育儿之事都是由专门研究这方面的人做的，他们所受的教育因所谓的"教育学"得到了认可。无论母亲多爱儿子，人们都不会指望母亲教儿子微积分。人们认为，就书本知识而言，与没有知识的母亲相比，拥有知识的人可以更好地让孩子获得知识。而在儿童教育的很多其他方面就没有这种共识了，因为其中所需的经验还没得到广泛认可。毫无疑问，某些事最好是由母亲来做，但随着孩子的渐渐长大，最好是让别人来做越来越多的事。如果大家都这么想，那么母亲就不用在让她们讨厌的事上费很大力气了，因为那么些事不是她们的强项。即使做了母亲,一个拥有专业技能的女人也应该为自己、为社会继续自由地运用她的技能。在怀孕后期和哺乳期内她可能没法这么做,但孩子长到九个月大后就不能再成为妈妈职业生涯中不可逾越的障碍了。只要社会要求一个母亲为了孩子做出超乎情理的牺牲,除非她有非同一般的高尚品德,否则她一定会希望从孩子身上得到超过她应该期望的补偿的。传统意义上的自我牺牲的母亲绝大多数都对孩子极为自私,因为做父母这件事之所以重要,是因为它是生活的一个要素,而如果把它看成是生活的全部就会不满意,而不满意的母亲很可能在情感上贪得无厌。所以,无论是为了孩子还是为了母亲,重要的是做母亲的不应该放弃所有其他兴趣和追求。如果她真有教育孩子的才能和能让她把自己的孩子照顾得很好的大量知识,就应该广泛运用她的技能,她应该从事教育可能包括她自己孩子在内的一群孩子的专职工作。只要达到了国家规定的最低要求,父母当然有权说该怎么养孩子,由谁来养,只要他们还有这个资格。但不应该要求每位母亲都自己去做有的女人能做得很好的事。很多母亲面对孩子都会手忙脚乱,无能为力,这样的母亲应该毫不犹豫地将孩子交给有这方面能力、接受过必要培训的女人教养。没有可以让女人知道该为孩子做什么的天赐本能,而超过了某种程度的关心又是占有欲的伪装。很多孩子的心理都是被母亲的无知和敏感搞坏的，人们总是认为父亲是照顾不好孩子的，可孩子对父亲的爱和对母亲的是一样的。如果女人能摆脱不必要的奴役，孩子能从越来越多的有益于身心的科学知识中得到帮助，那么将来母亲和孩子的关系会越来越像现在的父亲和孩子的关系。

第14章 论工作

工作让人快乐还是不快乐是一个不好回答的问题。的确有很多非常单调的工作,而太多的工作又总是让人非常痛苦。但我认为,对大多数人来说,只要工作不是太多,即使是最单调的工作也比无所事事容易忍受得多。从工作的性质和工作者的能力来看,工作有各种等级,从只是为了解闷的工作到能给人带来最深层快乐的工作都有。大多数人不得不做的大多数工作都是本身没什么意思的工作,但即使是这样的工作也有某种很大的好处。首先,用不着去想该做什么就可以消磨掉一天中的大部分时间。很多人都是在可以自由安排时间时却茫然不知该干点儿什么让自己高兴的事,而且无论他们决定干什么,都会因为觉得别的事可能更能让自己高兴而烦恼。明智地度过闲暇时光的能力是文明的终极产物,目前很少有人能达到这种水平。另外,选择本身就是一件烦人的事。除了特别有主见的人外,让别人告诉你一天中的每个小时该干些什么可能要好些,只要这种吩咐不是很令人不快的。大多数有闲的富人有着说不出来的苦闷,像是在为了逃避苦役付出代价一样。有时他们会为了减少苦闷而去非洲猎捕猛兽,或者坐飞机周游世界,但这种让人激动的事并不多,特别是在青春逝去之后。所以比较明智的富人都会努力工作,就好像他是个穷人。大多数富有的女人也会忙着做无数的琐事,并自认为这些事极为重要。

所以,首先,为了避免烦闷,人们是愿意工作的,因为与一个人无事可做时所感到的烦闷相比,做必须做但却没意思的工作时所感到的烦闷就不值一提了。与工作的这个好处有关的另一个好处,是它会让假期变得更美妙。只要一个人没有因过于努力工作而损耗了体力的话,他就可能在自己的闲暇时间里找到比无所事事之人可能找到的多得多的情趣。

有偿工作的第二个好处是它们为人提供了获得成功和实现野心的机会。对于多数工作来说,成功与否是靠收入来衡量的,只要我们的资本主义社会继续存在就在所难免。只有那些最好的工作才不会用这种自然的标准去衡量成功。想增加收入的愿望和想成功的愿望是一样的,因为较高的收入可

以带来更多的舒适感。如果工作可以给人带来名誉，广泛的也好，自己圈子里的也好，那么无论这个工作多么单调乏味，都是可以被忍受的。目标的持续性是获得长久幸福最根本的要素之一，大多数人主要是通过工作来实现这个目标的。在这方面，家务事占满自己生活的女人就比男人或出去工作的女人不幸得多。家庭主妇没有工资，也无法改善自己，丈夫认为她所做的一切都是理所当然的（实际上他并不认为她做了什么），他看到了不是她做的家务事，而是她的其他优点。

当然了,非常能干、能将家和花园收拾得漂漂亮亮,并让邻居妒忌的女人就不是这样了,可这种女人比较少见,因为绝大多数家务事都不能带来和其他工作带给男人和职业妇女一样的那种满足。

多数工作都能带给人消磨时间和施展哪怕是普通抱负的满足感,就连工作单调的人也可以因为这种满足感而比无所事事的人快乐。有意思的工作可以比只是让人解闷的工作带给人更高级的满足感。可以将有意思的工作按层次排列。我将从只是稍有意思的工作讲起,一直讲到值得一个人用全部精力去做的工作为止。有意思的工作主要具备两个要素:第一,可以运用技能;第二,具有建设性。拥有特殊技能的人很喜欢运用自己的技能,直到它变成了寻常之事或他再也不能提高自己了才会罢手。这种动机开始于童年,一个能倒立的男孩子是不愿用脚站立的。很多工作带给人的乐趣和运用技巧的游戏带给人的乐趣是一样的。律师和政治家的工作一定有着更美妙的和玩桥牌一样多的快乐,其中不仅有对技能的运用,还有和高明对手的过招儿。即便没有这种竞争,单是做一件难事也可以让人高兴。能在飞机上表演特技的人会觉得其乐无穷,所以他才愿意冒险。我想尽管工作环境令人不快,能干的外科医生也还是可以从其手术的精准中得到满足感的。但很多并不起眼的工作也能带给人同样的满足感，只不过没那么强烈。只要所需的技能是可变的或是能精益求精的，那么所有需要技能的工作都能令人愉快。如果不具备这些条件，那么当一个人完全掌握了技能时就不会再觉得工作有意思了。万米长跑运动员一过了能打破他过去记录的年龄就对他的职业不感兴趣了。幸好相当多的工作都是新情况会要求新技能的，这样，一个人就可以不断提高自己，至少在人到中年以前是这样的。某些技能型工作，例如从政，好像是只有六七十岁的人才能做好，因为这类职业要求从业者必须阅历丰富。正因为如此，成功的政治家在其七十岁时都会比其他同龄人快乐。在这方面，只有大企业的领导者能和他们媲美。

不过，最好的工作所具备的另一个要素比运用技能更能让人快乐，这就是建设性。有些工作，尽管绝不是大多数工作，当工作完成时，会留下一些纪念碑似的东西。我们可以用以下标准来区分建设性和破坏性。在建设性情形里，事情的初始阶段较为混乱，收尾阶段却呈现出了意图和目的。破坏情形则正好相反，即事情的初始阶段呈现出一种意图和目的，而收尾阶段却杂乱无章。也就是说，破坏者想做的就是造成一个没有明确目的的局面，这个标准可以被用在最平实、最明显的实例上,也就是房屋的建造和拆除。在建造房屋时会按照已经制定的计划进行,而在拆除房屋时,则并不十分清楚该把拆下来的东西放在哪儿。当然了,破坏往往是建设的先决条件,在这种情况下,破坏就是建设总体的一部分。可人常常会去做具有破坏性目的的事,不管它有没有建设性。他往往将这一点隐藏起来,认为自己只是在为了立新而破旧,而如果这是一个借口,通常是可以拆穿它的,只要问问他以后如何建设就行。关于这个问题,他的回答一定是含糊不清的,他还会无精打采,而如果谈到前期的破坏,他一定会肯定地、蛮有兴致地回答你。这样的革命党徒、好战分子和暴力宣扬者不在少数,他们往往不知不觉地被仇恨所左右,他们真正的目的就是毁掉自己恨的东西,不太关心此后的问题。可我并不能否认破坏性工作也有着和建设性工作一样的乐趣,那种快乐是粗暴的,在那一刻可能还很强烈。但它不是深层次的满足,因为在破坏中找不到很大的满足感。你杀死了你的敌人,他死了你也没事儿,胜利后的满足感也就很快地消失了。而建设性的工作却是,完成之后还愿意去回味,并且它从来都没有完的那一天,总是可以再为它做点儿什么。最能让人满足的目的是可以让人无限制地从一个胜利走向另一个胜利,永无止境。从这点来看,建设比破坏更能让人快乐。

也许，在建设中找满足感的人可以比喜欢破坏的人更有满足感，因为一旦你心中充满仇恨，你就很难从建设中找到另一个人能找到的快乐了。

与此同时，几乎没有什么事能像做一项重要的建设性工作那样极有可能改掉憎恨的习惯了。

从一项伟大的建设性事业的成功中所得到的满足是生活能够给予的最大快乐之一，不过只有才华出众的人才能有幸尝到这种登峰造极的滋味。任何东西都不能夺走一个人从一项重要工作的成功中得到的快乐，除非这项工作最终被证明是拙劣的。这种满足有很多形式，通过灌溉让荒地开满鲜花的人的满足是最实在的形式之一。创建一个组织可能是极为重要的工作，少数政治家用毕生精力在混乱中建立秩序就是这种工作，列宁就是我们这个时代最出色的那类人。最突出的例子是艺术家和科学家。莎士比亚这样评价他的诗："只要人能呼吸，眼睛能看东西，诗就不会死去。"毫无疑问，这种想法让他在不幸中感到安慰。在他的十四行诗里，他说，让他和生活重归于好的是对朋友的思念，可我还是怀疑他写给朋友的十四行诗是否比朋友本身更能让他达到这个目的。大艺术家和大科学家做的工作本身就很快乐。他们一边做，一边得到受尊敬的人的尊敬,这种尊敬给了他们一种最重要的权利,就是左右人们思想和感觉的权力。他们还能借助最可靠的理由自我感觉良好。人们会认为,这么多幸运的事混在一起足以让任何一个人快乐了。然而事情并非如此,比如,米开朗琪罗就是个内心很不快乐的人,他声称(我不相信)如果不是非得还穷亲戚们的债,他是不会费心费力地创作艺术品的。创作伟大艺术品的力量通常——不过绝不是总是——都与忧郁的气质连在一起,如果不是为了从工作中找到快乐,强烈的忧郁会让艺术家自杀的。所以,我们不能说最伟大的工作一定能让人快乐,我们只能说最伟大的工作一定能让人少些不快乐。科学家绝不像艺术家那样总是那么忧郁,大多数从事科学工作的人都是快乐的人,他们的快乐主要来自于他们的工作。

让现代知识分子不快乐的原因之一,就是他们当中的许多人,特别是具有文学才能的人,找不到独立施展自己才能的机会,只能受雇于由庸人和外行把持的富有集团,做着他们认为荒诞无聊的事。如果你去问英国和美国的记者,他们是否相信自己为之工作的那份报纸所宣扬的政策,我相信你会发现只有极少数人会相信,其余的人都是为了谋生而将自己的技能出卖给他们认为有害的事业。这样的工作不能带来任何真正的满足感，并且在让自己将就着做的过程中，一个人会不得不让自己玩世不恭，这样一来，任何事都不能再带给他心满意足的感觉了。我不能指责从事这种工作的人，因为不做就会挨饿。如果有可能从事能满足一个人的建设性冲动且完全不用挨饿的工作，那么就可以从个人幸福的角度来很好地考虑一下，是否只因为能获得更高的收入，不是因为觉得值得做才选择了这份工作的。没有自尊就很难有真正的幸福，而认为自己的工作让人难为情的人是很难有自尊的。

虽然建设性工作所带来的满足感可能像事实那样是少数人的特权，但却是相当多的少数人的特权。能做自己工作的主的人有这种满足感，觉得自己的工作有益且需要相当的技能的人也能有这种满足感。培养令人满意的孩子就是一项能带来深层次满足感的艰难的建设性工作。任何一个完成了这项工作的女人都会觉得，正是因为她的劳动，世界才有了某些有价值的东西，否则就没有。

在如何全面看待自己的生活这个问题上，人与人之间存在着极大的差别。有些人认为，将生活看做一个整体是很自然的事，而且能够愉快地这么做也是获得幸福的关键。另一些人则认为生活是一连串不相关的事件，它们没有方向，缺乏一致性。我觉得前一种人比后一种人更有可能得到幸福，因为前者会逐步营造出一种让自己满意、有自尊的环境。后者则会随环境之风飘来荡去，永远也没个落脚点。将生活看做是一个整体的习惯是智慧和真正道德的基本内容，也是教育应该提倡的事情之一。始终如一的目标并不是生活幸福的充分条件，但却可以成为生活幸福的必要条件。而始终如一的目标则主要包含在工作中。

第15章 论闲情逸致

这一章我要谈的不是一个人生活中的主要兴趣，而是消磨闲暇、让人从严肃事物的紧张中放松下来的次要兴趣。在普通人的生活中，妻儿、工作和经济状况是他关心和思考的主要内容。即使他有婚外情，他可能也不会像关心这事儿会给他的家庭生活带来哪些影响那样非常关心这事儿本身。在这里，我不会将与工作密切相关的兴趣看成是闲情逸致。拿科学家来说，他必须紧盯着自己的研究，会以热烈的、活泼的态度对待和自己的事业密切相关的研究，而如果他读到的东西不属于他的专业领域而是其他科学领域的，他就会用一种不专业、少批评、多公正的极不同的态度去读。即便是他得开动脑筋以便跟上作者的思路，他也会把阅读看成是一种放松，因为这和他的职责无关。如果这本书让他感兴趣，这种兴趣也是一种不能被运用到他的专业书籍上的闲情逸致。

我在这一章就是想谈谈个人生活中主要活动之外的这种兴趣。

罗素的父亲
安伯雷子爵

闷闷不乐、疲劳、神经紧张的原因之一，是无法对自己生活中无利害关系的东西感兴趣，结果就是有意识的思想被集中在了少数事物上，而其中的每一种都可能含有焦虑和令人担忧的成分。除非睡着了，否则有意识的思想是绝不会让自己等着潜意识的想法慢慢孕育智慧的，结果就是容易激动、缺乏机敏、烦躁易怒、失去平衡。这些既是疲劳的原因又是疲劳的结果。当一个人感到很疲劳时，就会失去对外界的兴趣，而由于失去了对外界的兴趣，就不能从这些兴趣中得到快慰，这样他就会更疲劳。这种恶性循环太容易让人精神崩溃了。对外界的兴趣之所以可以让人充分地休息，是因为不需要为此做什么。做决定、拿主意是很累人的，尤其是在没有潜意识的帮助而必须仓促做出的情况下。认为在做出重要决定之前一定要"睡一觉"的人真是太明智了。但潜意识的精神过程并不只是在睡眠中才能进行的，当一个人有意识的思想被用在了别的地方时也能进行这个过程。结束了一天的工作后能忘记工作、直到第二天再重新工作时才想起了工作的人，很可能比休息时间还在想工作的人干得好得多。一个有很多工作以外的兴趣的人，比没有的人更容易在应该忘记工作时忘掉它。但关键是这些兴趣不能再占用已经被当天的工作搞得很疲惫的官能了，它们应该不需要意志，不需要当机立断，也不应像赌博那样包含任何经济因素。一般来说，它们应该没有让人精神疲惫、意识和潜意识都得全神贯注的过度兴奋。符合所有这些条件的娱乐活动有很多。从这个角度来说，看比赛、进剧场、打高尔夫都是无可厚非的。对书呆子来说，换换脑筋读些与自己专业无关的书是一件很好的事。可不管你关心的事有多么重要，也不能用所有醒着的时间思考它。

在这方面，男人和女人有很大差别。总的来说，男人比女人更容易忘掉自己的工作。对于工作就是操持家务的女人来说，这是很自然的事，因为她们不能像男人那样有机会离开办公室换种新的心情。但如果我没弄错的话，在外工作的女人和男人在这方面的区别和她们与操持家务女人之间的区别几乎是一样的。她们觉得很难对没有实际利害关系的东西感兴趣，她们的思想和行动被她们的目标控制着，很少能被完全不相干的事吸引住。当然，我并不否认有例外，可我说的是我所认为的一般情况，比如女子学院的女教师。如果没有男人在场，她们整个晚上都会三句话不离本行，而男子学院的男教师却不会。这表明女人比男人更认真负责，但我并不认为长此以往这会提高她们的教学质量，因为这会让她们视野狭窄并渐渐变得狂热。

除了能让人身心轻松以外，所有的闲情逸致还有各种其他作用。首先，它们能帮人保持平衡。我们太容易专注于自己的追求、自己的小圈子和自己所从事的那类工作了，以至于忘了这只是所有人类活动中微不足道的一部分，忘记了太多太多的事根本不受我们的影响。你可能会问，一个人为什么要记住这些呢？这里有几个答案，首先，应该了解这个与人类必要活动和谐一致的世界的真实面目。我们每个人活在这个世界的时间都不会很长，所以在生命的短暂时光中，应当去了解我们应该知道的有关这个神奇星球及它在宇宙中的位置的一切。忽视了求知的机会,尽管这知识并不尽善尽美,就会像是进了剧院却不听戏一样。世界充满了悲喜交加、可歌可泣、光怪陆离之事,而对这一壮观景象没有兴趣的人就是在放弃生活赋予他的一种特权。

其次,保持平衡十分重要,有时它能给人很大的安慰。我们生活着的世界一个小角落的重要性,我们出生和死亡之间的某个短暂时刻的重要性,都会让我们过度兴奋、过度紧张和过于刻骨铭心。这种兴奋和对自己重要性的高估没有任何好处,它可能的确能让我们努力工作,但却不能让我们工作得更好。想要有个美好结局的少量工作比想要有个不好结局的大量工作要好,尽管倡导紧张生活的人的想法好像正相反。非常关心自己工作的人往往会有陷入狂热的危险,就是只记得一两件心仪的事,其他的事都忘了,还会认为在追求这一两件事的过程中,其他事带来的任何偶然的危害都没太大关系。最能预防这种狂热心理的方法莫过于对人的生命及人在宇宙中的位置有一个大的概念。保持平衡可能真是能带出这些联系的非常大的一件事,而除了这个特殊用途,它本身就是一件很有价值的事。

现代高等教育的缺陷之一就是太注重获得某种技能，太不注重通过对世界的全面观察去拓展人的头脑和心灵了。比如说，你全身心地投入到一场政治斗争中，为了你所在党派的胜利而努力工作。到目前为止，一切都很顺利。在斗争中可能会有一些胜利的机会，但这些机会中却有一些需要使用估计会让你增加世界上的仇恨、暴力和怀疑的办法的成分。比如，你可能发现，取得胜利的最佳途径就是去侮辱某个别的国家。如果你的精神领域仅限于眼前，或者你已经接受了效率至上的信条，你就会采用这种让人将信将疑的手段。通过采用这种手段，你是可以实现眼前的目标的，但长期结果却可能是灾难性的。反过来，如果你头脑中装着人类的过去，他摆脱野蛮的蜕变过程是如何的缓慢，他存在的全部时间和天文年龄相比是多么短暂，我是说，如果你已经习惯了这么思考，你就会认识到，你所进行的暂时性斗争，不可能重要得非得让你冒险退回到我们慢慢走出来的黑暗中去。不仅如此，如果你眼下失败了，这种暂时感还能支撑你，让你不愿意采用卑鄙的手段。你会有一个在眼前目标之上的、长远的、会慢慢展开的目标，在这样的目标里，你不会是孤独的个人，而是带领人类走向文明的浩浩大军中的一员。如果你具备这种眼光，某种深层次的快乐会永远伴随你的，无论你有什么样的命运。生命就成了和各时代伟人的一次交流，而个人的死亡也只是一个小插曲而已了。

　　如果我有权按照自己的意愿整治高等教育的话，我会设法废除旧有的正统宗教，它只迎合了少数的、一般说来是最不聪明的、最反对进步的年轻人的胃口，而代之以一些恐怕很难被称作是宗教的东西，因为它们只关注十分确切的事实。我应该努力地让青年人清楚地知道过去，清楚地认识到一个人的未来极有可能比他的过去长得多，深深地意识到我们生活着的这个星球的渺小和这个星球上的生命只不过是昙花一现的事实。在摆出这些可以强调个人微不足道的事实的同时，我还应该摆出另一组事实，意在让年轻人记住个人能做出多伟大的事，以及在我们已知宇宙中的所有东西中，没有什么东西有着知识那样的价值。斯宾诺莎早已就人类的限制和自由做过论述，他所采用的形式和语言让他的思想很难被所有哲学专业的学生接受，而我想要表达的本质的东西和他所说的是相差无几的。

　　一个曾经意识到什么才能造就出伟大灵魂的人，不管这种意识多么短暂、多么简单，只要他还任由自己心胸狭窄，自私自利，为微不足道的不幸而烦恼，畏惧命运的安排，那就绝不会快乐。能有伟大灵魂的人会打开自己的头脑之窗，让来自宇宙每个角落的风自由地吹进这扇窗。我们人类的局限性允许我们能看到什么程度，他就能将自己、生命和世界看到什么程度。他会认识到人生的短暂和微不足道，认识到个人头脑中凝聚的都是已知宇宙中一切有价值的东西，他还知道，头脑是世界真实写照的人在某种意义上就和世界一样伟大。摆脱了害怕成为环境的奴隶这一恐惧感后，他会体会到一种深层次的快乐，尽管自己的外部生活变化无常，可在内心深处，他还是一个快乐的人。

放下这些广博的思索，回到我们眼前的主题上，就是闲情逸致的价值，还有一个观点可以说明闲情逸致可以在很大程度上帮助人们得到快乐。最幸运的人也有不如意的时候，除了单身汉以外，没几个人能从来不和妻子吵架；没几个父母能在孩子生病时不着急；没几个商人能摆脱财务紧张的局面；没几个职场人士能不遭遇失败。在这种时候，拥有可以对导致焦虑的事之外的事物感兴趣的能力是天大的恩赐。在这种虽然焦虑但却无计可施的时候，有人会去下棋，有人会去读侦探小说，有人会迷恋上通俗天文学，还有人会去阅读巴比伦的发掘报告。这四种人的行为都是明智的，而不去分散注意力、任由烦恼完全控制自己的人，其行为就是不明智的，这会让他在该采取行动时不能很好地对付自己的烦恼。类似的观点也适用于像某个挚爱的人死去了这种无法挽回的伤心事。在这种时候，让自己沉浸在悲伤中是没有好处的。悲伤是免不了的，也是意料之中的，但是应该尽一切可能将悲伤减到最少。就像某些人做的那样，这只不过是一种多愁善感，目的是从不幸中找出最大的不幸。当然，我并不否认一个人可能会被悲伤压垮，可我还是认为每个人都应该尽最大努力逃开这种命运，去做任何可以分散注意力的消遣之事，不管它是不是微不足道，只要它不是有害的、可耻的就行。我所认为的有害的可耻的消遣之事包括酗酒和吸毒这样的事，它们以摧毁人的思想为目的，至少是暂时的摧毁。恰当的做法是将思想引到一条新路上，而不是摧毁它，至少也可以将思想引到一条远离眼前不幸的路上。如果生活中的兴趣一直很少，而仅有的兴趣现在又满是悲伤，那就很难做到这点了。要想在不幸来临时能够很好地承受，明智的做法是在快乐的时候培养具有一定广度的兴趣，这样头脑中就可以有一块不受干扰的地方，准备着让它唤起一种不是让人很难忍受眼前之事的其他联想和思绪。

一个活力十足、情趣盎然的人会借助一个个新兴趣和这个不会小得让人难逃厄运的世界来战胜所有的不幸。被一次或几次失败所击倒并不是什么可以证明一个人敏感、让人赞美的东西,而是可以证明一个人失去了活力的令人悲哀的东西。我们所有的情感都掌握在死神手里,它随时都能击倒我们所爱的人。所以,不要让我们生活范围狭窄,任凭偶然事故来左右我们生活的意义和目的,这是很有必要的。

正是因为这些原因,一个明智地追求快乐的人是会在其赖以生存的核心兴趣之外让自己拥有很多附带的兴趣的。

第16章 论努力与放弃

中庸之道是一种乏味的学说。还记得年轻时我曾轻蔑而愤慨地唾弃过它，因为那时我崇拜的是英雄式的极端主义。然而真理并不总是有趣的，很多事情都是因为它们有趣才被人相信的，事实上，除了有趣之外，并没有其他证据。在这一点上，中庸之道是个好例子，它可能很乏味，但很多事都能证明它的确是真理。

应该保持中庸之道的场合之一，是在平衡努力与放弃的关系之时。这两种主张都有极端式的拥护者。主张放弃的是圣徒和神秘主义者，主张努力的是高效的专家和强壮的基督徒。这两种对立的学说中都有部分真理，但不是全部。在这一章，我想试着找出一种平衡，我先从努力谈起。

除了极少的例子外，幸福是不会像成熟的果子那样只靠幸运环境的作用就能掉进你嘴里的,这也是我把这本书叫做《征服幸福》的原因①。世界充满了可避免和不可避免的不幸,疾病和心里纠结,以及斗争、贫穷和仇恨,所以无论男人还是女人,要想幸福就必须找到一些方法来应对困扰着每个人的让人不幸福的诸多因素。在极少数情况下,不用费很大的劲儿就可以得到幸福。一个性情温和、继承了大笔财产、身体健康、爱好简单的男人可以舒舒服服地度过自己的一生,他从来就不知道人们乱哄哄地在忙些什么。一个相貌姣好、天性懒散的女人,如果碰巧嫁给了富有的、不需要她尽多大力的丈夫,她也不在乎婚后发福,只要她在子女方面也有好运气,那她同样可以过某种舒舒服服的懒散生活。但这些都是特例,大多数人都不是富人,很多人都不是生性随和的人,还有很多人性情躁动,觉得平静而有规律的生活讨厌之极。健康是一种没人能一定留住它的福气,婚姻也并不总是幸福之源。这一切都说明,对于大多数男人和女人来说,幸福一定是一种成就,而不是上帝的恩赐。在这个成就中,内部和外部的努力一定起了很大作用。内部努力可能包括了必要的放弃,所以我们现在只谈外部的努力。

---

① 书名原文的字面意思。

不管男人还是女人，任何一个需要为生存而工作的人显然需要努力，这一点是不用强调的。印度的托钵僧确实不用努力就可以生存，他们只要捧着钵盂接受信徒们的施舍就可以了。但在西方国家里，当局并不赞同用这种方式获得收入，而且那里的气候也使在那儿过这种生活没有在热一些、干一些的国家里过这种生活来的愉快。不管怎么说，很少有人会在冬天犯懒，宁可到外面闲逛也不愿在暖和的屋子里工作。所以，在西方，放弃并不是一条幸运之路。

对于西方国家的绝大部分男人来说，只是过生活是不足以让他们幸福的，因为他们想要成功的感觉。对某些职业来说，如科研工作，即使收入不多也能有这种感觉，可对大部分职业来说，成功与否要看收入的多少。从这一点来看，我们触及到了这么一件事，即在大多数情况下，放弃是件好事，因为在一个充满竞争的社会里，只有少数人才可能获得引人注目的成功。

婚姻是一件是否需要努力要视情况而定的事。在一种性别的人占少数的地方，如英国的男人和澳大利亚的女人，一般来说，这个性别的人不用做多大努力就能如愿以偿地结婚。而对于性别属于多数的人来说，情况则刚刚相反。只要研究一下女性杂志中的广告,就可以知道女性占多数的地方的女人们在这方面动了多少脑筋,做了多少努力。而在男性占多数的地方,男人们往往会采用更迅速的方法,如用手枪。这很自然,因为多数男人还站在文明的边缘。如果一场有辨别能力的瘟疫让英国的男人成了多数人,我不知道他们会怎么样,他们可能会不得不恢复过去的殷勤和豪爽的态度。

培养出有出息的孩子需要付出的努力是明摆着的,可能没人能否认这一点。信奉放弃主义以及被误称为"精神至上"的人生观的国家,都是儿童死亡率极高的国家。没有普通人的关注就不会有医药、卫生、防腐、合理的饮食这些事,它们能让人获得对付物质环境的能量和智慧。认为这是一种幻觉的人也会这样看待灰尘的,这种想法导致了他们孩子的死亡。

说得更一般点儿,有人会说,每个天生的欲望还存在的人都会将获得某种权力当做正常的、合法的目标。一个人想要哪种权力取决于他最有哪种热情:有人想要控制别人行为的权力;有人想要控制别人思想的权利;还有人想要控制别人感情的权力。一些人想改变世界的物质环境,另一些人则想通过掌握知识来获得权力。每一种公众工作都包含着某种权力欲，除非做这份工作只是为了通过营私舞弊来发财。一个为纯粹的利他主义所驱使、为人类的苦难而痛苦的人，如果这种痛苦是真的话，一定想获得一种可以减轻人类苦难的权力。只有对同胞完全不关心的人，才能完全不关心权力。所以，可以将某几种权力欲看成是某种人借以创造良好社会的装备中的一部分。只要没遭到反对，其中的每一种权力欲都与努力有关。以西方人的心态来看，这个结论好像是老生常谈。但在这个东方人正在抛弃所谓"东方智慧"的时候，西方国家中正与之眉来眼去的人却并不在少数。对他们来说，我们一直在谈论的东西可能很成问题，如果真是这样的话，还是值得一说的。

虽然如此，在征服幸福的过程中，放弃也是有它的作用的，这种作用的重要性并不亚于努力。聪明的人不会在不可避免的不幸上耗费时间和精力，尽管他也不会在可预防的不幸面前坐视不管，而且如果为躲避不幸所需要的时间和精力干扰到了他对更重要的目标的追求，即使可以避开这样的不幸，他还是会放弃、会屈服的。很多人会因为每一件不如意的小事而发愁或暴怒，这样就耗费了大量的、可以被用得更好的精力。即使是在追求真正的目标，陷得太深，以至于可能会失败这一念头总是让自己内心无法平静,这也是不明智的。基督教教导人们要服从上帝的意志,即便是不能接受这一说教的人,也会按照类似的信条来进行自己的全部活动。在实际工作中,效率和我们投进去的感情是不成比例的,有时候感情简直就是效率的绊脚石,应有的态度是尽人事,听天命。放弃共有两种,一种是因为绝望而放弃,另一种是因为有着不可征服的希望而放弃。第一种放弃是不好的,第二种放弃是好的。一个遭受过重大失败,以至于放弃了取得重大成就的希望的人,可能知道什么是绝望的放弃,而如果他真的放弃了,他就会放弃所有正经活动,他可能会用宗教教义或冥想才是人的真正目的这一信仰来掩饰自己的绝望。但无论他采用何种伪装来掩饰内心的失败,从根本上说,他都会是一个不快乐的无用之人。而出于不可征服的希望而放弃的人却完全不是这样的。不可征服的希望一定是宏大的,非个人的希望。无论我自己做什么都可能因死亡或某种疾病而失败,我可能被敌人打败,还可能发现走上了一条不明智的、不能引向成功的路。不管怎样,纯属个人性质的希望是不可能避免破灭的命运的。但如果个人的目标是人类宏大希望的一部分,那么个人希望的破灭就不是完全的失败。希望自己能有大发现的科学家可能没有大发现,还可能因疾病而放弃自己的工作。但如果他由衷地希望科学进步，而不是只希望他个人能为此做出贡献，那么他就不会像只是出于个人动机而研究的人那样感到绝望。致力于某些极迫切的改革工作的人，可能会发现他的全部努力被一场战争推到了一边，还可能不得不认识到，他一直在为之奋斗的东西是不会在他有生之年出现的，但他用不着因为这个而完全绝望，只要他关心的是人类的未来，而不仅仅是个人的参与。

我们一直谈论的都是最难做到的放弃，还有很多放弃是比较容易做到的。在这些情形中，只有次要目标会受到挫折，人生的主要目标还是有望实现的。比如，一个从事重要工作的人，如果因不幸福的婚姻而分心，那就说明他做不到好的那种放弃；如果他的工作确实吸引人，他就应该能干得多也干得好，无论自己的婚姻生活是否幸福。有些人连一些小麻烦都不能忍受，而如果我们听之任之，这些小麻烦就会成为生活的绝大部分内容。误了火车他们会大发雷霆，晚饭做得不好他们

会恼羞成怒，火炉漏烟他们会陷入绝望，洗衣店没有送还衣物他们会发誓报复整个世界。如果可以将这种人耗费在小麻烦上的精力用得更明智些，那是足以缔造或毁灭一个帝国的。聪明人注意不到女仆没有掸去的灰尘、厨子没有煮好的土豆以及扫帚没有扫走的煤灰。我并不是说即使有时间他也不会采取任何补救措施，我只是说他不会带着情绪处理这些事。焦虑、烦躁、恼羞成怒都是毫无意义的情绪，这方面感觉很强的人可能会说他们克制不了这种情绪。我不知道除了我们前面所说的彻底放弃之外，还有什么可以克制这种情绪的方法。如果一个能承受住工作中的失败或不幸福婚姻中的麻烦的男人，能专注宏大的、非个人的愿望，他也同样可以在没赶上火车或雨伞掉进污泥里时心平气和，而如果他生性暴躁，我就不知道除此之外还有什么方法可以治他的病了。

　　摆脱了焦虑的人会发现，生活比他一直恼怒的时候要快活得多，以前会让他想大叫一声的熟人们的怪癖现在则只觉得好玩了。当某位先生第 347 次讲述火地岛主教的轶事时，他会以记下次数为乐，并不想用自己知道的轶事去转移话题。当他匆忙去赶早班火车而鞋带儿却断了的时候，他会嘟囔几句，之后就会想，在宇宙的长河中这件事没什么大不了的。当他正打算求婚，一个讨厌的邻居却闯进来打断了他时，他会想所有人都会遇到这种不幸,除了亚当,可亚当也有他自己的麻烦。人们可以无限制地用稀奇古怪的比喻和比较来从小小的不幸中找到安慰。我猜想,每个文明的男人和女人都有自己的一副肖像画,如果发生了可能会破坏这幅肖像画的事,他们就会恼怒。最好的治疗方式是不要只拥有一幅画,而要拥有一个画廊,这样就可以遇到什么情况挑选什么画了。如果这些画中有些很可笑,那就太好了。整天把自己看成是悲剧中的英雄是不明智的。我并不是说一个人应该总是将自己看成是喜剧中的小丑,因为这会更让人难受。选择一个符合当时情况的角色是需要小技巧的。当然了,如果你能忘了自己,不扮演任何角色的话,那是再好不过的了。而如果扮演角色已经成了你的第二天性,那么就应该想到你是在演不同的戏,所以要避免角色的单一。

很多有活力的人都认为,即使是最少的放弃和最少的幽默,也会耗费他们做事的精力,动摇他们相信自己一定会成功的决心。我认为他们错了。只能靠自欺支撑着自己去工作的人,最好在继续自己的职业生涯前先去学学如何接受事实,因为必须让虚构的事来支撑自己迟早会让自己的工作变得有害无益的。什么都不做比做有害的事要好。世上一半的有益工作都是与有害工作做斗争的工作。花很少的时间来学习如何分辨事实并不是在浪费时间,因为随后去做的工作的危害性,很可能比需要用持续不断的自我膨胀来激发出能量的人所做工作的危害性要小得多。做了某些放弃就说明愿意面对真实的自己。尽管在一开始这种放弃可能会让你很痛苦,但它最终会保护你的,也实在是唯一可能的保护了。长期来看,没有什么比每天都努力相信那些变得越来越不可信的东西更令人疲倦和气恼的了。放弃这种努力是获得牢固和持久的幸福的必要条件。

第17章 幸福的人

显然，能不能幸福一部分取决于外部环境，一部分取决于自身因素。在这本书里，我们一直在关注自身因素这部分，结果发现，就自身因素而言，幸福的诀窍非常简单。很多人都认为，没有一种多少带有宗教色彩的信念是不可能幸福的，很多本身就不幸福的人认为，他们的忧伤有着复杂而高度理智化的原因。我不相信这是幸福或不幸福的真正原因，我认为这只不过是一些表面现象。一般来说，不快乐的人会有一种不快乐的信仰，而快乐的人则会有一种快乐的信仰。他们可能会将快乐或不快乐归因到各自的信仰上，而真正的原因却在别的地方。对于大多数的人的快乐来说，有些事是必不可少的。但这些事都很简单：衣食住行、健康、爱情、成功的工作以及自己圈子里的人的尊敬。对某些人来说，为人父母也是最基本的事。如果缺少这些，只有不同寻常的人才能快乐；而如果在已经有了这些东西或能靠正确的努力得到这些东西的情况下，一个人还觉得不快乐，那他就是心理失调了。如果非常严重，那可能就要去看心理医生了。但在一般情况下，病人自己就能治好自己，只要他能正确地做事。在外部环境绝不是很糟的情况下，只要一个人的热情和兴趣是向外的，而不是向内的，就应该能快乐。所以，我们应该尽力地在接受教育的过程中，在让自己适应社会的努力中，避免以自我为中心，争取获得能不让我们总是沉溺于自我的那种情感和兴趣。觉得在监狱里很快乐绝不是大多数人的天性，而热衷于自我封闭却能构建起一座最糟糕的监狱。在这种激情中，最常见的是恐惧、嫉妒、犯罪感、自怜自叹和孤芳自赏。在这些情感中，我们的愿望都是以自我为中心的，对外界没有真正的兴趣，只是担心它会以某种方式伤害我们或不能满足我们自己的愿望。人们之所以极不愿意承认事实，迫切希望将自己裹进由虚构的事所做成的暖和外套里，主要是因为恐惧。但荆棘是会刺破温暖的外套的，寒风会从裂缝中钻进来，习惯了温暖的人会比一开始就磨炼自己以便不畏严寒的人受多得多的苦。况且，自欺的人通常心里都知道他们在自己骗自己，他们总是提心吊胆，生怕一些不利的事迫使他们艰难地面对现实。

以自我为中心的激情,其一个很大的缺陷是它只能让人过单调的生活。一个只爱自己的人当然不是情感混乱的人了,但他最后会因为自己挚爱的目标永远没有变化而感到无聊之极。有犯罪感的人也会为某种特殊的自爱而痛苦。在他看来,这个浩瀚宇宙中最重要的事就是他自己要品德高尚。传统宗教所犯的一个严重错误是它鼓励这种特殊的自我沉溺。

快乐的人会实实在在地生活,他们有着自由的情爱和广泛的兴趣,他们靠这些情感和兴趣锁定自己的幸福,而他们幸福的事实又让他们成为其他很多人的兴趣和情爱目标。能得到爱是幸福的一大原因,但索要爱的人却并不是会被赐予爱的人。说得广泛些,得到爱的人就是给予爱的人。不过,像借人钱是为了要利息那样精打细算地给予爱是没有用的,因为被算计过的爱不是真爱,得到爱的人也会觉得这不是真爱。

那么,一个因自我囚禁而不快乐的人又该怎么办呢?只要他还是想着自己不快乐的原因,还是以自我为中心,就走不出恶性循环的圈子。如果想走出来,就一定要借助真正的兴趣,而不是只被当做药物的冒充的兴趣。尽管的确很难做到,但如果他能正确地分析自己的问题,还是能做很多事的。

比如，如果他的问题源于犯罪感，不管是有意识的还是无意识的，那么他首先可以让自己的意识相信他没理由有犯罪感，然后可以借助我们在前面谈到的某种技巧把合理的信念植入自己的无意识中，同时让自己关注一些有点中性的活动。如果他成功地消除了自己的犯罪感，那么真正客观的兴趣就可能自然而然地出现。如果他的问题是自怜自叹，那他首先可以让自己相信他并没有遇到极为不幸的事，然后再用同样的方式处理问题。如果他的问题是他很恐惧，那就让他锻炼着让自己勇敢。从无法记起的时间起，战场上的勇敢就已经成了重要的美德了。绝大部分针对男孩子和男青年的训练，都是为了让他们有一种不怕打仗的品格。而在道德勇气和智慧勇气方面的研究却少得多。尽管如此，还是有办法学到的。每天至少承认一个痛苦的事实，你会发现这和童子军的日课一样有益。学着去这样感受：即使你所有的朋友在德行和智慧方面都比你强很多——当然你肯定不是这样了——生活还是值得一过的。如果连续几年做这种练习，最终你一定能坦然面对事实，这样你就能从绝大部分恐惧中解放出来了。

一定要让克服了自我沉溺的毛病后该有的客观兴趣随着你的天性和外部环境自然而然地产生出来。不要先对自己说

"如果我迷上集邮我就能快乐了",然后就开始集邮,因为你可能发现集邮一点儿意思也没有。只有真能让你感兴趣的东西才对你有益。但你要相信,一旦你知道了不应该自我沉溺,真正的客观的兴趣就会出现。

快乐的生活在极大程度上和美好的生活是一样的。职业道德家太看重自我克制了,所以说他们把重点搞错了。有意识的自我克制会让人自我沉溺,并清楚地知道自己所做的牺牲,结果常常是达不到眼前的目标,并且几乎总是达不到终极目标。我们需要的不是自我克制,而是对外界的某种兴趣。这种兴趣能让人自然而然地做出某种举动,而专注于追求自己美德的人则只有借助有意识的自我克制才能有同样的举动。我是作为一个快乐主义者来写这本书的,就是说,作为一个认为快乐就是美好的人来写这本书的。快乐主义者所倡导的行为大体上与理智的道德家所倡导的行为是一样的。然而,道德家过于重视行为,忽视了心理状态,当然也并不是全都这样了。一个人当时的心理状态可以让一种行为的效果有很大的不同。如果你看见一个孩子掉进水里,而你凭着直接的冲动去救他,那么你在道德上没有什么不好的东西;而如果你告诉自己,"救助无助的人是一种美德,我想做一个有美德的人,所以我必须救这个孩子",那么事后的你会比事前的你还要糟。适用于这种极端情况的道理也同样适用于很多其他不太显眼的事。

我所倡导的生活态度和传统的道德家所倡导的生活态度之间还有一点更微妙的区别。比如，传统的道德家会说爱情不应该是自私的，从某种意义上说这是对的，就是说，爱情的自私不应该超过一定限度。可毫无疑问的是，爱情应该有这种自私的性质，这样一个人才能因为爱情的成功而快乐。如果一个男人向一个女人求婚是因为他很想让她幸福，同时还因为这是个放弃自我的理想机会，那我很怀疑这个女人是否能完全满意。毫无疑问，我们应该希望自己爱的人幸福，但却不能用别人的幸福代替我们自己的幸福。实际上，一旦我们对我们自身以外的人或事产生了真正的兴趣，隐含在自我克制中的自己与世界的对立就会消失。这种兴趣能让人觉得自己是生命之流的一部分，而不是一个像台球一样，除了撞球之外，和其他物质再也没有其他关系的坚硬而独立的物体。所有的不快乐都是由某种分裂或不一致造成的。意识和无意识之间缺乏协调就会造成自我分裂，不能靠客观兴趣和爱的力量将自己和社会连在一起，就会造成两者之间的不一致。快乐的人是没有这些分裂或不一致所带来的痛苦的，他的人格既不会为了对抗自己而分裂，也不会为了对抗世界而分裂。这样的人觉得自己是宇宙的公民，自由地享受着宇宙给予的景象和欢乐。他不会一想到死就忧心忡忡，因为他觉得自己并不会真的和后来人分开。在这种与生命之流自然的深层次的结合中，一定能找到最大的快乐。